生命の臨界

争点としての生命

Matsubara Yoko & Koizumi Yoshiyuki
松原洋子・小泉義之＝編

人文書院

目次

II 生命と教育

III　生　態

IV　生 - 政治

生命の臨界——争点としての生命

まえがき

本書のキーワードは「争点としての生命」である。

二〇〇四年秋の米国大統領選では、まさに「生命」が争点の一つとなった。ES細胞（胚性幹細胞）研究にブレーキをかけてきたブッシュ政権を批判し、民主党のケリー候補がES細胞研究推進を公約の一つに挙げたのである。ヒトES細胞は移植医療に新たな道を開くものとして注目されているが、人の胚を壊してつくられるために、中絶反対派のブッシュ政権は「生命尊重」の立場からES細胞研究を厳しく制限してきた。妊娠中絶合法化の是非は、一九八〇年代から常に大統領選の争点となってきたが、今回はその対立構造にES細胞研究の是非が上乗せされることになったのである。

一九九八年一一月にベンチャー企業の資金によって米国ウィスコンシン大学でヒトES細胞の樹立に成功してから、再生医療のホープとしてES細胞が一挙に躍り出た。先進諸国のなかでもとりわけ生物医学研究に連邦予算を傾注してきた米国政府としては、当然力を入れるべきところであったが、プロ・ライフ派のブッシュ政権が二〇〇〇年秋に誕生したために、ES細胞研究に限って異例の縛りがかけられたのである。

連邦政府のこうした姿勢は、高度な先端医療研究を推進してきた米国のプライドにかかわる問題である。プロ・チョイス派の民主党ケリー陣営はこれに注目して、大々的にキャンペーンを行った。大統領選挙をにらんだ二〇〇四年七月の民主党大会にはレーガン元大統領の息子に、ES細胞研究を促す演説をさせ、共和党関係者を当惑させたという。ES細胞研究はアルツハイマー病の治療に役立つといわれており、この病気の夫を看取ったナンシー夫人もES細胞研究を支持しているといわれる。

中絶の是非は「生命」をめぐる古典的な争点といえる。しかし、ヒトES細胞の浮上は、胚に移植用の医療資源という新たな付加価値をもたらした。難病の治療法の開発は、万人が認める善であるはずが、そこにヒト胚がかかわったためにねじれが生じたのである。

新たな治療法の開発に伴う倫理的なジレンマとしては、かつては人体実験が代表であり、被験者保護、インフォームド・コンセントといった医者―患者関係を中心とした医療倫理としての生命倫理の範疇におさまっていた。しかし、遺伝子技術、細胞融合技術、生殖技術、移植技術などの急速な発展によって、一九七〇年代以降様相が変化してきた。医療資源として、新たな脳死体、胚、胎児、動物（とくに遺伝子組換え動物）が登場し、さらに遺伝子、体細胞、生殖細胞、組織、器官などの人体部品の医療、研究における重要性がにわかに高まってきたのである。また、動物の権利を重視する立場から医学研究に不可欠とされてきた動物実験を中止する、あるいは厳しく制限する運動も高まってきている。背景には環境倫理を重視する運動の広がりがあり、自然界における人間の地位の見直しという大きな問題がかかわっている。しかし同時に、動物実験の制限はこれに代わるヒト組織・細胞での安全性検査の拡大という流れを生み出し、ここでまた人体部品の獲得とドナーの保護という問題を再び浮上させることになる。生命倫理と環境倫理の課題がさらに複雑になっているのである。

ここで生命倫理と環境倫理について簡単にふれておこう。

「生命倫理」は英語の「バイオエシックス」(bioethics) の訳である。バイオエシックスは、「生命」を意味するギリシャ語「ビオス」(bios) に由来する「バイオ」(bio) と「倫理 (学)」(ethics) を組み合わせた造語である。この言葉が最初に使われたのは、ガンの研究者であったファン・レンセラー・ポッターが一九七〇年に書いた論文「バイオエシックス——生存の科学」といわれる。ただしポッターがここで問題にしたのは、環境危機や人口問題のただなかで人類が生き延びるための生態学にもとづく倫理、いわば現在の「環境倫理」にあたるものであった。したがってポッターの「バイオエシックス」の「バイオ」は、生態系を視野に入れた広い意味をもっていた。

しかし、その後「バイオエシックス」という言葉が有名になったのは、環境ではなく、医学・医療にかかわる倫理を示す言葉としてであった。「バイオエシックス」は、一九七一年に設立されたジョージタウン大学ケネディ研究所に「バイオエシックス・センター」が置かれ、同研究所のプロジェクトとして『バイオエシックス百科事典』(一九七八年) が出版されたことにより、定着していった。また一九六九年にはヘイスティング・センターが設立されており、初期のバイオエシックス研究においてケネディ研究所とともに双璧をなしていった。こうして主流になった「バイオエシックス」の「バイオ」は、医学・医療における「人の生命」を意味し、人体実験、脳死、臓器移植、安楽死・尊厳死、人工妊娠中絶、遺伝子診断・遺伝子治療、生殖医療、医療資源の配分などが議論の焦点となっていった。

このように生命倫理と環境倫理は、一九七〇年代にアメリカで注目され、その後先進諸国を中心に広がっていった比較的新しい問題領域である。現代の科学技術文明は、人間を含む生物の生存のあり方を大きく変化させ、多くの問題を引き起こしてきた。これらの問題への対応として、主に生命倫理では医学・医療における患者の権利、また環境倫理では自然と人間の関係について、それぞれ検討がなされてきた。

生命倫理と環境倫理が対象とする領域は異なり、発展の道筋も違っていたが、「生命」の概念的・技術的な取り扱いを問題にしてきた点では共通している。たとえば環境倫理の「動物の権利」という概念は、医学研究で不可欠とされている動物実験のあり方に対する批判、さらには医療において生きるに値する命を選ぶ「生命の質」(QOL: Quality of Life)の議論に通じている。

さらに、この二〇年ほどの間に、生命科学とバイオテクノロジーが医療、製薬、畜産、食糧、エネルギー、環境、情報といった領域を横断しつつ、知識と技術のレベルで、多様な生命現象を相互に結びつけるようになった。たとえば、ヒト遺伝子の一部を羊などに組み込みヒト特有のタンパク質を動物体内でつくらせて医薬品の原料にするトランスジェニック(遺伝子組換え)家畜。ここではヒトと家畜、畜産と医療・製薬の間にバイオテクノロジーを媒介とした新しい関係が結ばれている。

また、ヒトを含む生物の遺伝子は研究開発の重要な資源となり、国際的な特許獲得競争のもとで、バイオテクノロジー産業と生物多様性の保全、土地の伝統的な生物利用の権利との摩擦が強くなっている。バイオテクノロジーは、今後一層、生命倫理の領域の融合と横断を促進していくだろう。このことは、「生命の倫理」あるいは「生命圏の倫理」として問題を包括的にとらえる視点が必要になっていることを示唆している。

バイオテクノロジーの発達は、環境中の生物という「外なる自然」と人体という「内なる自然」を、同じように生物資源とみなし、研究開発の対象とすることを可能にした。さらに医療資源・研究資源として有用な「人体」は、細胞、胚、胎児、脳死体などさまざまなレベルに分節化されるに至っている。人体の統合性や生物種の境界の存在は、従来の人権概念の前提となってきた。しかし、これらの前提を覆すような生命科学の知識と技術の登場は、自然界における人間の位置や生命に対する人為的介入の方法の見直しと倫理規範の再構築を迫っている。われわれはバイオテクノロジーを手にした分だけ、一九世紀後半の西洋人が経験した、生物進化論の受容をめぐる倫理的危機に勝る危機に直面しているのかもしれない。しかし見方を変えれば、新しい生命論や身体論、人権概念の誕生前夜のスリリングな時代に遭遇しているともいえる。

本書はそうした時代に幸か不幸か出くわした、哲学者、生態学者、教育者、社会学者、科学史家たちの、「生命」のコンフリクトというアリーナへの参戦宣言である。まだ、リングサイドでウォーミングアップの最中ともいえるが、とにかく参戦したがっている者たちの最初の協働作業であることには違いない。

松原洋子

I　医学と科学

生物医学と社会

松原洋子

一　はじめに――生物医学の現状

生物医学（biomedicine）は近年、自然科学のなかできわめて活況を呈している分野である。最新の科学論文での引用頻度が高い、いわゆるホットペーパーを五本以上発表した一九九七〜二〇〇〇年度のトップ科学者五九名の専門分野は、ゲノム学、細胞生物学、免疫学、分子生物学、ウィルス学、生化学、分子遺伝学、レトロウィルス学であった[1]。研究予算の面でも生物医学は優遇されている。アメリカのブッシュ政権は、二〇〇三年度の研究開発関係予算案で、NIH（国立衛生研究所）に配分する研究費を前年度比一六％増の二六五億ドルとした。この増額は、二〇〇三年までの五年間にNIHの研究予算を倍増するという方針にもとづいた措置であった（Intersociety Working Group 2002）。また、予算規模ではアメリカに及ばないものの、政府の科学研究予算における生物医学研究重視は、近年の先進諸国に共通してみられる傾向である。

一方、バイオテクノロジー企業や製薬会社などの産セクターが、研究資金面でも研究成果の面でも生物医学研究において大きな存在となってきたことも見逃せない。ヒトゲノム解読を加速させたことで知られるセレーラ・ジェノミクス社長（当時）のベンターは、二〇〇三年度にホットペーパーを七本発表して、世界でもっとも論文が引用された科学者となった（“The Hottest Research of 1999-2000” 2000）。また、一九九七年にイギリスのロスリン研究所のウィルムットらが体細胞クローン羊を誕生させて発生生物学に衝撃を与えたのも、医薬品の原料となるヒトタンパク質を生産する遺伝子組換え家畜を共同開発してきた、バイオベンチャー企業ＰＰＬセラピューティクスとの連携によるものであった（Kolata 1997）。

このように生物医学研究とバイオテクノロジーは非常に緊密な関係をもちながら、自然科学分野においても産業としても著しく膨張しつつあるが、同時にそれに伴う社会的、倫理的問題への懸念も増大している。以下では、一九七〇年代以降の生物医学研究に対する社会の規制を中心に、生物医学と社会の関係の変遷を概観しながら、現在および今後の課題について検討する。

なお、「生物医学」という概念は、自然科学的な研究だけでなく医療および医療の研究をも含む場合があるが、[2] 以下では「生物医学」を自然科学的な臨床医学と生物学の複合体として扱うこととする。ただし、注意を促しておきたいのは、生物医学研究には臨床研究における人体実験[3]も含まれており、被験者が患者でもある場合——たとえば、遺伝子治療、一部の生殖医療あるいは移植医療といったいわゆる先端医療において——臨床研究は医療としての性格も併せ持つということである。

さらに、生物医学研究が政府の医療政策に大きく影響されることからもわかるように、生物医学が医療体制に組み込まれていることも念頭に置いておく必要がある。

一方、「生物医学と社会」という問題領域に関しては一九七〇年代の生物医学に対する社会の対応とそれ以降の動向を中心にみていくことにする。(4) 一九七〇年代のアメリカにおける人体実験および遺伝子組換え実験の規制をめぐる議論と制度の構築は、生物医学研究という科学者共同体の聖域を社会に開いた点で、「科学と社会」をめぐる画期的な事件であった。一九七〇年代以降の生物医学研究に対する社会の対応は、生物医学という現場における科学技術論的実験ともいえ、「生物医学と社会」をめぐる諸問題を検討する際の基本的な枠組みを提供するものである。

二　一九七〇年代の研究規制体制の構築

第二次大戦中の科学動員に成功したアメリカは、戦後も戦時研究の成果を踏まえた科学政策を展開した。医学分野においてもペニシリンの開発をはじめとした大きな成果を戦時中に挙げており、他の科学技術分野と同様に医学についても基礎研究重視の政策がとられた。医療政策としては、国民皆保険制度を導入し医療サービスを充実するという路線もありえたが、国家の介入を嫌う医師会などの抵抗にあい、結局政府は国民の健康の向上を医学研究の推進によって実現するという方向を選んだ。こうして、第二次大戦後、アメリカ政府は医学・生命科学研究に対して軍事研究に次ぐ莫大な研究費を投入してきた（広井　一九九二、七九〜八二頁）。さらに、一九七一年に保健教書を連邦議会に提出したニクソン大統領は、アポロ計画を批判して、科学政策の重点を宇宙開発から医学研究に転換することを宣言した。特にガン、心臓病、遺伝病対策を重視し、国家ガン基本法（一九七一年）、国家心臓血管肺基本法（一九七二年）、国家鎌形血球病コントロール法（一九七二年）などを制定し重点的に研究を推進した。

さて、国家ガン基本法成立後の研究予算の増大に伴い、多くの生化学者や分子生物学者がガンウィルス研究に参入することとなったが、彼らが危険な病原体の取り扱いの訓練を受けていないことを腫瘍学者などの医学系研究者たちは懸念していた。生化学者バーグによるサル由来のガンウィルスを使った遺伝子組換え実験も、医学系研究者から新種の疫病の引き金になりうるものとして警戒された。遺伝子操作実験に対しては、放射能や化学物質による環境破壊問題やベトナム反戦運動と連動した科学技術批判運動を背景に、ＤＮＡ組換え生物の漏出による健康被害や環境汚染、生態系の破壊、生物兵器の開発などについて社会から厳しい目が向けられ始めていた。バーグは実験を差し控えることにしたが、その直後の一九七三年に、コーエンとボイヤーがバーグよりも簡便な方法による遺伝子組換え技術を確立した。バーグは翌年、著名な科学者たちと連名で遺伝子組換え実験のモラトリアムを提案し、一九七五年に有名なアシロマ会議を開催して科学者主導で実験規制案をまとめた。アシロマ会議の規制案は修正を経て、一九七六年のＮＩＨの遺伝子組換え実験ガイドラインに取り入れられ、このガイドラインは世界中の遺伝子組換え実験規制のモデルになった（米本一九八五、三八～四八頁、Wright 1994, 123-59）。

このような分子生物学からの動きの他に、生物医学研究の規制についてはもう一つのより大きな動きがあった。それは臨床研究における人体実験の規制問題である。ナチス政権下の人体実験問題を踏まえたニュールンベルク・コード（一九四六年）と、これを受けて世界医師会総会で採択されたヘルシンキ宣言（一九六四年）では、人体実験に際して被験者に対するインフォームド・コンセントを求めていた（Annas and Grodin 1992）。ただし、実際には被験者の取り扱いにはかなり問題が多く、その背景には連邦政府の医学研究費の急増に伴う臨床研究の増加があるとみられた。

しかしタスキーギ事件が一九七二年に発覚し、人体実験規制のあり方が厳しく見直されることになった（Reverby 2000）。タスキーギ事件とは、多数のアフリカ系アメリカ人男性が、インフォームド・コンセントもなく梅毒の経過観察研究の被験者とされ、特効薬のペニシリンが開発された後も正当な治療を施されず、被害を受けたというものである。この事件の調査にあたった連邦議会の特別委員会は事態を重くみて、人体実験の法律による規制を提言した。その結果、国家研究規制法が一九七四年に成立した。背景には一九六〇年代末からの反人種差別をはじめとする人権意識の高まりがあった。これによって、保健教育福祉省の予算で実施される人体実験に関しては、「生物医学および行動研究における被験者保護のための国家委員会」（一九七五～八年）がガイドラインを策定するとともに、人体実験をする研究者はＩＲＢ（Institutional Review Board 施設内審査委員会）に事前に実験計画を提出し認可を受けなければならなくなった。さらに、国家委員会とＩＲＢには生物医学や医療の専門家以外の人びとを加えるよう定められた。

莫大な研究資金の投入によって生物医学研究を奨励してきたアメリカ政府には、生物医学研究の質に対する責任があった。その責任の果たし方が、科学者共同体のオートノミーの一角をあえて崩すような国家研究規制法による研究への介入であった。これを可能にしたのは、当時の社会における人権意識の高まりと科学万能主義への懐疑のまなざしの強化であった。アシロマ会議に至る科学者たちの自主的な研究規制の動きは、こうした状況を察知して部外者からの過剰な干渉を回避すべく先手を打ったものともいえる（Committee to Study Biomedical Decision Making 1999, 318）。タスキーギ事件（一九七二年）、遺伝子組換え技術の確立（一九七三年）、国家研究規制法（一九七四年）、アシロマ会議（一九七五年）、NIHの遺伝子組換え実験ガイドライン（一九七六年）。これらの出来事の連鎖をみていくと、遺伝子組換え実験規制は人体実験規制という大きな流れのなかに位置づけられることがわかる。

一九七五年の修正ヘルシンキ宣言（東京宣言）では、人体実験を含む研究は倫理委員会による実験計画の事前審査および許可が必要であること、またそうした手続きを経ない実験報告を出版者は受理すべきでないことなど、詳しい倫理規定が盛り込まれた。こうして、ガイドラインと倫理委員会の二本立てによる研究規制のスタイルは、遺伝子組換え実験も含めて、その後の生物医学研究の社会的コントロールのあり方の世界的な標準となった。

三　一九八〇年代の変化

遺伝子組換え実験のNIHガイドライン制定（一九七六年）の背景にあった主な脅威は、疫病や生態系破壊をもたらすバイオハザードであったが、その点については当初想定されたほどの危険がないという理由で、NIHガイドラインは一九八三年までに大幅に緩和された。

だが一方で、臨床医学における遺伝子組換え技術の応用に対する懸念が現実味を帯びてきた。一九七六年には鎌形赤血球貧血症の胎児診断として遺伝子組換え技術が初めて臨床応用され、一九八〇年にはUCLA教授が地中海貧血症の患者に対して遺伝子治療を行ったと発表して問題になっていた。また一九八〇年代になると、分子生物学的研究アプローチが免疫、ガン、エイズ、遺伝性疾患、その他の生物医学研究に浸透してきて、生物医学研究全体における遺伝子組換え技術の重要性が著しく増大した。

これを受けてアメリカでは、国家委員会（一九七四〜七八年）の後に設置された大統領委員会（一九七八〜八三年）が、遺伝子診断および遺伝カウンセリング、遺伝子治療の倫理的社会的に関する報告書を一九八二、八三年に提出した（President's commission for the Study of Ethical Problems in Medicine and Biomedical and Behavioral Research 1982, President's commission for the Study of Ethical Problems in Medicine and Biomedical and Behavioral Research 1983）。また、連邦議会に一九七二〜九五年に設置されていたOTA（Office of Technology Assessment 技術評価局）も、遺伝子診断と遺伝子治療に関する報告書を同時期に出している（U. S. Congress 1983, 1984）。このように一九七〇年代には、別々に扱われていた人体実験と遺伝子組換え実験の規制が、遺伝子組換え技術の人体へ応用を背景に、一九八〇年代には一体的にとらえられ対処されるようになった。このことは、それまで人体実験問題と医療倫理が中心だった生命倫理と、遺伝子組換え技術について経済性・有効性・安全性を中心に議論してきたテクノロジー・アセスメントが接近し、生命倫理とテクノロジー・アセスメントの関心領域が拡張しつつ相互浸透しはじめたことを意味していた（広井一九九六、一二〇～六頁）。

さらに人体の実験的利用と生物医学研究は、ヒト組織・細胞の利用の拡大という局面で一層緊密に結合するようになっていった。一九八〇年にアメリカ連邦最高裁判所は、遺伝子組換えによって原油を分解する性質を新たに獲得したバクテリアについて、連邦特許法の対象とする裁定を下し、遺伝子組換え生物に初めて特許を認めた。この出来事は、将来、バイオテクノロジーにより加工されたヒトの細胞や遺伝子も特許の対象となりうる可能性を開いた。また同じ一九八〇年には、連邦議会が政府からの研究費による発明の特許化を促進するための特許法改正を行って、産学協同と国費による発明の市場への環流を奨励している。一九八〇年のこれら二つの出来事によって、ヒト組織・細胞研究に対する商業的関心が高まった。実際の商業的価値はともあれ、一九八〇～八四年に大学および病院から申請されたヒト研究にかかわる発明の特許申請は五年前と比べて三〇〇％も増加したのである（U. S. Congress 1987, 7）。こうして、従来のように個体としての人体への侵襲だけではなく、部品としての人体の収集、利用、処分、所有権の問題と人体部品の種類による適切な対応のあり方が、生物医学研究の産業化の進行とともに新たな問題として出現してきた。ヒト組織・細胞利用の規制は、ヒトゲノムが解読され再生医療が注目されている現在、一層喫緊となっている。

一九八〇年代以降のもう一つの変化としては、倫理委員会制度の世界的普及がある。一九九三年のOTA報告書によれば、世界二六カ国で国家レベルの倫理委員会が設立済みあるいは設立準備中であり、また政府の暫定的な倫理委員会やIRBは四〇カ国で確認された（U. S. Congress 1993: 15-

6)。生物医学研究を規制する制度は、一九七〇年代のアメリカで発明されて世界標準となり、各国に普及していったが、生物医学研究および医学バイオテクノロジーを倫理的、社会的、文化的、宗教的、法的にどうとらえ、規制するかについてはそれぞれ異なり、アメリカモデルが典型というわけではない。

なかでも胚研究については、国ごとの対応の違いがよくあらわれている。一九七八年の体外受精児誕生に象徴される生殖技術の発達によって、胚の研究および医療的利用という倫理的に重大な問題への対応が迫られるようになり、一九八〇年代になると規制に着手する国が出てきた。イギリスではウォーノック委員会報告（一九八四年）をもとにヒト受精・胚法（一九九〇年）が、ドイツではベンダ委員会報告（一九八五年）をもとに胚保護法（一九九〇年）が制定された。イギリスは研究目的での胚作成も認めるなど規制が比較的緩いのに対して、規制の厳しいドイツでは胚の研究利用自体を禁止している。また、フランスでは先端医療に関する倫理問題を包括的に規定した生命倫理法（一九九四年）が成立し、胚研究は条件付きで認められた。これに対して、アメリカでは中絶の是非が国論を二分する大きな政治的争点となってきており、胚の取り扱いに関する議論の調整がとりわけ難しいため、連邦政府レベルでの総合的な胚研究規制はできていない。莫大な連邦政府予算の投入によって生物医学研究の先頭を走るアメリカであるが、胚研究に関しては政治的背景にかなり左右される状況である（勝島　二〇〇一、八六～一〇六頁）。

四　一九九〇年代以降の展開

一九九〇年にはアメリカ政府主導で、ヒトゲノム計画が開始された。ヒトDNAの全塩基配列解読を目標に掲げたこの巨大プロジェクトは、しばしば「ビッグ・バイオロジー」と呼ばれてきた。しかし、一九七〇年代以降のアメリカで展開してきた生物医学研究の分子生物学化の過程を踏まえればむしろ「ビッグ・バイオメディシン」と呼ぶのがふさわしい（Keating and Cambrosio 2001, 324）。

また、ヒトゲノム計画はＥＬＳＩプログラムを盛り込んだことによって、「生物医学と社会」の研究にとってもビッグ・プロジェクトとなった。このＥＬＳＩ（Ethical, Legal, and Social Issues）とは、ヒト遺伝子研究に伴う倫理的・法的・社会的諸問題を意味し、こうした問題を扱うプロジェクトにアメリカのヒトゲノム計画の年間研究予算の三〜五％があてられることになった。ヒト遺伝子解析については社会的悪影響を懸念する声が強かったが、ＥＬＳＩプログラムを研究計画に盛り込んだことによりヒトゲノム計画が連邦議会で承認されたという経緯があった。ＥＬＳＩプログラムが画期的だったのは、政府支出による巨大科学研究プロジェクトの研究予算に倫理問題などに関する研究予算が組み込まれたこと、そしてこの分野では前例がないほど巨額の研究費が支給されたことである（綾野　二〇〇一）。

ヒト遺伝子研究に伴う問題は多岐にわたっており（廣野　二〇〇二）、ＥＬＳＩプログラムの対象領域も、遺伝子情報の利用と誤用、遺伝決定論や遺伝還元主義、遺伝子診断が患者や家族また生殖に及ぼす影響、遺伝子解析研究の規制のあり方、遺伝医療がもたらす倫理的法的社会的問題についての教育など多様である（武藤　二〇〇一、一一八〜一二一頁）。したがって、従来、生物医学研究の規制制度を直接間接に担い、「生物医学と社会」の研究で主流を占めてきたバイオエシックスやテクノロジー・アセスメントだけでなく、心理学や教育学、さらに医療人類学、医療社会学、ＳＴＳの研究者もＥＬＳＩプログラムに参入することになった。

最近では北米やイギリスの研究者によって「新遺伝学の社会学（Sociology of the New Genetics）」が提唱されている（武藤　二〇〇一）。コンラードらによれば、「新遺伝学」とは分子遺伝学、特にヒトの遺伝的研究や遺伝医療を意味している。「新遺伝学の社会学」に関する研究は一九九〇年代以降増加しており、遺伝子検査や遺伝カウンセリングの問題のほか、新遺伝学の大衆的イメージと言説、専門家と素人の遺伝観の比較、新遺伝学と優生学、遺伝学的知識の社会的構成、遺伝学的バイオテクノロジーの商業化、フェミニスト的視点からみた出生前診断や生殖技術の意味などについて検討されてきた（Conrad and Gabe 1999, 3-6）。これらは科学知識および科学技術の社会構成主義、科学のカルチュラル・スタディーズといった科学技術社会論的アプローチによる研究といえる。

ただし、ＥＬＳＩプロジェクトのような試みがアメリカの生物医学研究のスタンダードになったわけでは決してない。ヒトゲノム計画と同時期に開始されたアメリカ政府主導の脳科学研究プロジェクトに「脳の一〇年（The Decade of the Brain）」（一九九〇〜九九年）がある。脳科学研究にも被験者保護をはじめ研究に付随して多くの倫理的問題が存在するが、「脳の一〇年」には倫理問題のプロジェクトは組み込まれなかった。一方、ヨーロッパではＥＬＳＩにならってヒト遺伝子解析に伴う倫理的問題の研究が研究予算に組み込まれたが、その後拡張されて、全生物医学領域の研究予算の一部が倫理的側面の研究にあてられるようになった。同時に一九九四年からは医療、バイオテクノロジー、農水産関連にまたがる研究プログラムＥＬＳＡ（Ethical, Legal, Social Aspect）が発足し、生物科学にまつわる倫理的、法的、社会的側面の研究システムがアメリカ以上に制度化されている（脳科学・ライフテクノロジー研究所　二〇〇〇、四三〜四頁）。

ここで日本の状況についても簡単に触れておく。日本の生物医学研究規制は基本的には欧米に追随してきたが、橳島は日本の規制のあり方の「いびつさ」を指摘している。たとえば、人体実験における被験者保護の規定があるのは薬事法だけであるが、いわゆる先端医療は薬事法の対象外なので、実験段階の医療（たとえば顕微授精など）が現場で法的規制を受けずに、せいぜいＩＲＢを通すだけで治療として実施されてしまう。つまり、生物医学研究における被験者保護という基本原則を制度的に確保できていないのである。また、臓器移植法により脳死者の臓器提供に関する規定はあるが、生きている人の臓器・組織の提供に関する公的規定はなく、それぞれの医療機関の判断で生体肝移植などが実施されている。さらに、人間の胚の取り扱いについても胚研究は文部科学省、生殖医療は厚生労働省といった具合に別個に対応しており一貫性がない（橳島　二〇〇一）。一九九七年一〇月に、日本で初めての常設の生命倫理問題検討機関が設置され（科学技術会議生命倫理委員会、二〇〇一年一月以降は内閣府総合科学技術会議生命倫理専門調査会）、生命倫理問題を包括的に議論する場が制度的には発足したが、胚研究やヒトゲノム研究などへの個別的対応に追われ、「いびつ

さ」を根本的になくすような原則的議論や総合的調査は棚上げにされている状況である。(5)

五　おわりに――今後の課題

脳科学と遺伝子研究は今後バイオインフォマティクスとの連携を一層強め、ＩＴ関連技術と結合しながら社会的影響が拡大することが予想される。ヒトゲノム計画のＥＬＳＩでは遺伝決定論の普及への警戒から優生学が注目されてきたが、精神機能や行動を遺伝情報とリンクさせる研究の増大が予想される今後、精神障害や逸脱行動、また知能やパーソナリティを重視してきた優生学の歴史的検討が一層重要になってくるだろう。また、これらの研究ではＤＮＡの自動解読装置や画像解析装置などが重要な役割を担っており、こうしたメディカル・エレクトロニクスの開発と研究の関係についても目配りする必要がある（Blume 1992, Rabinow 1996）。

一九九七年の体細胞クローン羊の誕生、一九九八年のヒトＥＳ細胞の樹立、二〇〇〇年のヒトゲノム概要版の発表は、二一世紀の生物医学研究の新たな展開を象徴する事件であった。組織移植が必要な患者の細胞核をドナー提供の除核卵に移植してクローン胚を作成し、そこからＥＳ細胞をとりだし、培養して拒絶反応がおこらない移植用組織をつくれる可能性が出てきたのである。遺伝子研究・遺伝子工学、細胞・組織・臓器の培養および移植技術、生殖技術が相互に連関しながら発展するなかで、産・官・学の各セクターの科学的・技術的関心が、研究情報資料および医療用素材としてのヒトの細胞、組織、臓器、胚、ＤＮＡなどさまざまな「ヒト由来資料」に集まっている（粟

屋　一九九九、Andrews and Nelkin 2001、増井　二〇〇二)。日本ではクローン技術規制法（二〇〇一年施行）と各種ガイドラインで対応しようとしているが、体細胞クローン胚等いくつかの「特定胚」の胎内移植は法律で禁止していてもその他の胚（たとえば胚を分割したクローン胚や複数の人のキメラ胚）の産生を禁じていなかったり、倫理的問題のあるさまざまな胚の作成が届け出制になっていたりして問題が多い[6]（御輿　二〇〇一）。また同じ胚研究でも、ES細胞は文部科学省のガイドラインのみ、生殖関係は学会会告のみの規制である。

「ヒト由来資料」の入手や技術移転をめぐっては、権利や倫理をめぐる軋轢や経済格差に伴う人身売買にも似た人権侵害が国際的に生じる恐れがある。ユネスコの「ヒトゲノムと人権宣言」やヨーロッパ評議会の「人権と生物医学に関するヨーロッパ条約」（バイオエシックス条約）といった国際規約の政治的役割も考慮しつつ、対応を慎重に検討する必要があろう（米本　二〇〇一）。

現在の生物医学は人間の苦悩の除去や幸福の増進を標榜しつつ、種の境界、無生物との境界、世代の境界を越える人体改造を目指しつつあるようにみえる。こうした困難な状況を科学技術社会論がいかに突破できるのかが、現在問われている。

注

（1）引用文献データベースを提供しているＩＳＩ社発行の*Science Watch*インターネット・バージョンによる（URL　http://sciencewatch.com/march-april2001/sw_march-april2001_page1.htm）。March/April　1998, March/April 1999, March/April 2000, March/April 2001の“The Hottest Research”を参照した。

（2）「生物科学」は通常「自然科学、特に生物学や生化学の諸原則の応用に基づいた医学」（Merriam-Webster）を指すが、こうした定義を越えて医療および医療の研究をも意味する場合もある。たとえば医療人類学では、生物医学（biomedicine）を民族医学（ethnomedicine）との対比で、西欧近代医学および医療体系の総称として扱うことが多い（Sargent and Johnson 1996, Baer 1987）。また、ウェルカム・トラストが一九九八年に発行した生物医学研究活動に関する報告書では、「生物医学のエレガントな定義は難しい」と断った上で、生物医学には臨床医学、基礎生物学（植物学と生態学を除外）、生化学、動物衛生、さらには看護や公衆衛生といった社会科学系医学も含まれうるとしている（Dawson, Lucocq, Cottrell, and Lewison 1998, 8）。

ただし、生物医学を計量書誌学的に分析することを目的としたこの報告書では、アメリカ国立科学財団（NSF）の科学技術指標の分類にならって、実際には臨床医学と生物医学研究の二分野を生物医学として扱っており（ibid.）、本稿でも同様に自然科学的な臨床医学および生物医学研究を「生物医学」とみなす。柘植二〇〇二を参照のこと。

（3）一般に「人体実験」という言葉は非人道的で残虐な印象を与える。しかし、生物医学研究における被験者保護の議論の文脈においては、動物実験などの基礎研究を経て、実際に人間で安全性や効果を調べる段階である臨床研究において、人体に対して行う実験を「人体実験」（新薬開発では「治験」）と呼んでおり、一定の条件を満たせば正当な行為とみなされる。これは英語の“human subjects research”あるいは“research on human subjects”（被験者を対象とした研究）に相当し、「人体実験」の直訳である“human experiment”は、どちらかというと非人道的な実験について用いられることが多い。なお、「人体実験」と「臨床研究」（“clinical research”）は同義に使われる場合もあるが、「臨床研究」という表現では被験者の人体への介入という重要なポイントが見えにくくなるので、被験者保護の議論をする場合は「人体実験」を使う方が適切であると考える。

（4）たとえば第二次世界大戦下の生物兵器の開発や、ナチス医学などの歴史的検討（神奈川大学評論編集専門委員会　一九九四、Proctor 1999）も「生物医学と社会」の重要なテーマであるが、ここでは本文に述べた理由で現代の生物医学研究の社会的規制に焦点をあてる。

（5）一九九九年にペンシルバニア大学で遺伝子治療の被験者が死亡する事故があり、すでに九〇年代後半から指摘されてきた米国ではＩＲＢ制度や被験者保護体制の問題点が露呈し、規制強化が課題とされた（橳島ほか　二〇〇二、一一～一五頁）。

（6）日本では、治療目的のヒトクローン胚作成は「特定胚の取扱いに関する指針」（二〇〇一年告示）で禁止されてきた。二〇〇四年の総合科学技術会議生命倫理専門調査会では同指針の見直しが行われ、研究目的での受精胚やヒトクローン胚の作成解禁を認める動きがあった（粥川　二〇〇四、橳島　二〇〇四）。

参考文献

Andrews, Lori and Dorothy Nelkin 2001: *Body Bazaar: The Market for Human Tissue in the Biotechnology Age*, Crown Publishers.

Annas, George J. and Michael A. Grodin（ed.）1992: *The Nazi Doctors and the Nuremberg Code*, Oxford University Press.

粟屋剛　一九九九『人体部品ビジネス——「臓器」商品化時代の現実』講談社

綾野博之　二〇〇一「アメリカのバイオエシックス・システム」『Policy Study』七号、文部科学省科学技術政策研究所

Baer, Hans A.（ed）1987: *Encounters With Biomedicine: Case studies in Medical Anthropology*, Gordon and

Breach.
Blume, Stuart S. 1992: *Insight and Industry: On the Dynamics of Technological Change in Medicine,* The MIT Press.
Committee to Study Biomedical Decision Making 1999: "Conclusion," Hannna, Kathi E.（ed.） Biomedical Politics, National Academy Press.
Conrad, Peter and Jonathan Gabe（ed.）1999: *Sociological Perspectives on the New Genetics,* Blackwell Publishers Ltd.
Dowson, G., B.Lacocq, R.Cottrell, and G. Lewison 1998: *Mapping the Landscape: National Biomedical Research Outputs 1988-95,* Policy report No.9, The Wellcome Trust.
広井良典　一九九二『アメリカの医療政策と日本』勁草書房
広井良典　一九九六『遺伝子の技術、遺伝子の思想』中央公論社
廣野喜幸　二〇〇二「遺伝子技術」『科学技術社会論研究』一号、一七八～八四頁
Intersociety Working Group 2002 "Research and Development FY2003," *AAAS Report XXVII*（http://www.aaas.org/spp/dspp/rd/rd03main.htm）.
神奈川大学評論編集専門委員会　一九九四『医学と戦争――日本とドイツ』御茶の水書房
粥川準二　二〇〇四「ヒト胚の取り扱いに関する諸問題」『患者のための医療』第九号、七二～八頁
Keating, Paul and Alberto Cambrosio 2001: "The New Genetics and Cancer: The Contributions of Clinical Medicine in the Era of Biomedicine," *Journal of the History of Medicine and the Allied Sciences,* 56, 321-352.
Kolata,Gina Bari 1997: *Clone: The Road to Dolly, And the Path Ahead,* London: Allen Lane.（中俣真知子訳『ク

ローン羊ドリー』アスキー、一九九八）
増井徹　二〇〇二「資源となる人体」『現代思想』第三〇巻第二号、一九四～二一〇頁
武藤香織　二〇〇一「『新しい遺伝学』の家族社会学」『哲学』一〇六、慶應義塾大学・三田哲学会、九三～一二一頁
脳科学・ライフテクノロジー研究所　二〇〇〇『脳科学における研究倫理に関する基礎調査報告書』
橳島次郎　二〇〇一『先端医療のルール』講談社
橳島次郎・井上悠輔・深萱恵一・米本昌平　二〇〇二「被験者保護法制のあり方（一）」『Studies 生命・人間・社会』第六号
橳島次郎　二〇〇四「ヒトES細胞指針の成立と課題：施行三年後の評価」『細胞工学』第二三巻、一二八五～八頁
御輿久美子ほか　二〇〇一『人クローン技術は許されるか』緑風出版
"The Hottest Research of 1999-2000" 2000: *Science Watch* (Internet Version), March/April 2001 (URL http://sciencewatch.com/march-april2001/sw_march-april2001_page1.htm)
President's commission for the Study of Ethical Problems in Medicine and Biomedical and Behavioral Research 1982: *Splicing Life: The Social and Ethical Issues of Genetic Engineering with Human Beings*, U. S. Government Printing Office.
President's commission for the Study of Ethical Problems in Medicine and Biomedical and Behavioral Research 1983: *Screening and Counseling for Genetic Conditions*, U. S. Government Printing Office.
Proctor, Robert N. 1999: *The Nazi War on Cancer*, Princeton University Press
Rabinow, Paul 1996: *Making of PCR*, The University of Chicago Press.（渡辺政隆訳『PCRの誕生』みすず書房、一九九八）

Reverby, Susan M. 2000: *Tuskegee's Truth*, The University of North Carolina Press.
Sargent, Carolyn F. and Thomas M. Johnson (ed.) 1996: *Medical Anthropology: Contemporary Theory and Method*, Revised Edition, Praeger.
柘植あづみ　二〇〇二「医療と社会」『科学技術社会論研究』一号、一九四～二〇一頁
U. S. Congress 1983: *The Role of Genetic Testing in the Prevention of Occupational Diseases*, Office of Technology Assessment
U. S. Congress 1984: *Human Gene Therapy*, Office of Technology Assessment.
U. S. Congress 1987: *New Developments in Biotechnology: Ownership of Human Tissues and Cells*, Office of Technology Assessment.
U. S. Congress 1993: *Biomedical Ethics in U. S. Public Policy, Office of Technology Assessment.*
米本昌平　一九八五『バイオエシックス』講談社
米本昌平　二〇〇一「ヒトゲノム研究に関する基本原則」『ジュリスト』一一九三号、四三～八頁
Wright, Susan 1994: *Molecular Politics*, The University of Chicago Press.

「新遺伝学」と市民

松原洋子

ウェクスラー家の経験

ウェクスラー家の次女ナンシーの物語は、「ハンチントン病」というある病気の名前とともに、遺伝医療の歴史ではよく知られている。常染色体優性の遺伝性疾患であるハンチントン病は、性別にかかわらず五〇パーセントの確率で子どもに遺伝する。中年期以降に発症する進行性の神経難病で、個人差はあるが不随意運動、記憶力や判断力の喪失、感情コントロールの困難といった症状があり、発症後一五年から二〇年ほどで亡くなる人が多いという(1)。母親が五三歳の時にハンチントン病と診断されたナンシーは、姉のアリスとともに母親の病状を目の当たりにしながら、将来同じ病気になるかもしれないという恐れを抱え込むことになった。若き臨床心理学者のナンシーは、父が設立したハンチントン病研究助成と患者・家族の支援のための遺伝病財団の運営に関わり、一九七六年には米国連邦議会内に設置されたハンチントン病に関する委員会の事務局長になった。医学研究政策に力を入れたニクソン政権下で成立した国家遺伝病法（七六年）で、ハンチントン病は指定疾患の一つとされていたのである。委員会報告書と公聴会記録によって患者と家族の厳しい状況が公になり、また委員会の各方面への積極的な働きかけもあって、ハンチントン病への関心が高まり遺伝病財団は多くの研究費と熱心な科学者を集めることができるようになった。

その結果、困難が予想されていたにもかかわらず、八三年には遺伝医療の歴史に残るハンチントン病のDNAマーカーの発見に成功した。これにはベネズエラのハンチントン病家系の多くの人びとの研究協力が不可欠だったが、発症リスクを抱える患者家族であるナンシーが研究プロジェクトに参加したことで協力者の共感を得られ調査が可能になったという(2)。この成果は『ネイチャー』に発表され、筆頭研究者であるガセラとともに、ナンシーも共著者として名前を連ねた(3)。九三年にはハンチントン病の遺伝子がつきとめられ、精度の高い遺伝子診断が可能になった。

ハンチントン病をめぐるウェクスラー一家の歴史は、一九七〇年代後半から八〇年代にかけて急速に進展したヒト遺伝子研究と遺伝医療の歴史と結びついていた。そのインサイド・ヒストリーを書いたナンシーの姉で歴史学者のアリス・ウェクスラーは、その本の日本語版で次のように書いている。

二〇世紀後半の新遺伝学の発展によって、斬新な生物医学研究の可能性が大きく開けました。また、この数十年間は、病に苦しむ人びとと研究者たち、遺伝的な素因による障害を抱える人たちとその研究を研究室のなかで続ける医師や研究者たちとの間に、これまでとは違った新しい相互作用が生まれていく時代でもありました。つまり、私たちは新しい研究の可能性と、新しい関係性の両方に立ちあうことになったわけです。[4]

「新遺伝学」の発展のなかで、ハンチントン病という遺伝性の難病に苦しむ患者・家族と研究者の間に新しい関係が生まれたと、アリスは言う。「新遺伝学」とは何なのか。また、患者・家族と研究者の間に新たに生じた相互作用とは何だったのか。さらに、ポストゲノムと呼ばれる現在、そのことがどのような意味を持つのだろうか。以下では、遺伝医療をめぐる「公」と「私」の関係の変化に注目しながら、これらの問題について考えてみたい。

「新遺伝学」と優生学

「新遺伝学」という言葉は日本ではなじみが薄いが、最近の英米系の遺伝医療に関する倫理的、社会的議論においては、“new genetics”は基本的なキーワードの一つとなっている。[5]たとえば『新遺伝学と社会』というタイトルの学術雑誌によると、「遺伝子工学とヒトおよびそれ以外の種のゲノムのマッピング、シークエンシングなどの新遺伝学は、全ての人びとにとって直接的で深い影響を及ぼすと言う点で、前例のない新しい技術である。また新遺伝学は再帰性とグローバリゼーションを特徴とする近代社会のもとで、主要な社会制度を含む複雑な政治的・経済的・組織的環境のなかで成長・発展するものである」。扱うトピックは、クローニング、優生学、遺伝カウンセリング、遺伝子検査、リスク、意思形成過程への公衆の参加、コンセンサス会議、遺伝学リテラシー、新遺伝学の公衆理解などとされている。[6] 要するに、「新遺伝学」は直接には遺伝子工学やゲノム医療を意味するが、それらの社会的コンテクストが重視されていることに特徴がある。

一方「新遺伝学」の出自と意味を批判的に検討したピーターセンは、この言葉はしばしば厳密な定義なしに自明のものとして使われるが、定義されるときは、「自分の遺伝子を理解し遺伝医療に適切に対処できるような遺伝子工学の知識」といった具合に、個人の選択の自由を広げる有用な知識とみなされているという。[7]

特にピーターセンは、「新遺伝学」という言葉が過去の優生学との違いを強調する際に使われることに注目している。優生学はかつて遺伝学と密接な関係にあり、強制不妊手術や遺伝的差別といった問題を引き起こしたが、現代の遺伝学は優生学時代と比べて格段に科学性を増しており、しかも遺伝学的知識や遺伝子技術の実践においては強制ではなく個人の自主的な決定を原則としている。だから「新遺伝学」においては過去の優生学のような過ちに陥る心配をしなくてもよい——これがあえて「新遺伝学」という言葉を使う意味であるという。[8]

同様の傾向が「新優生学」という言葉にもみられる。[9] 「新優生学」は主に出生前診断と選択的中絶、また生殖細胞系列の遺伝子改造といった、生殖の局面で使われる生殖技術や遺伝子技術を念頭に置いている点で、「新遺伝学」とは少し異なる。しかし、インフォームド・コンセントや自己決定が前提とされている点で、「新遺伝学」と共通している。

ただし、過去の優生学が一様に全体主義的で強制的であったという認識が、歴史的事実に反しているということは繰り返し指摘されるところである。強制的で偏見に満ちた古典的遺伝研究にもとづく本流優生学だけでなく、モーガンのショウジョウバエ遺伝学以降の近代的遺伝学をわきまえ、自主性を重視した修正優生学もまた力をもっていたのであり、一九三〇年代以降には修正優生学がむしろ優生学の支持者の主流になっていたと、科学史家のケヴルスは指摘している。[10] このケヴルスの本流優生学と修正優生学という図式は、生命倫理学者らが現代の遺伝医療や生殖医療との関連で、優生学史について解説する際にもしばしば引用される。[11]

科学史やボディー・ポリティクスの歴史という観点から、優生学史に関心をもつ者たちは、修正優生学の「科学性」や「自主性」の要素を、優生学の複雑さを意味するものとみなして、より細やかな分析に向かう。また、現代の生殖技術や遺伝子技術の展開を警戒し、新優生学を批判的にとらえる論者たちは、修正優生学のなかに主流優生学と共通する障害者差別や生命の質にもとづく選別の思想を見いだし、それが新優生学にも連続しているとみている。しかし、新優生学を容認的・肯定的にとらえる論者たちは、修正優生学が「自主性」を重視するがゆえに批判できない、という見方をするのである。

WHOの遺伝医療に関するガイドライン草案のサブファイナル・バージョンは、その一例である。[12] ガイドラインの決定版では、優生学という言葉には一切触れられていないが、その草案の最終版であるファイナル・バージョンでは「予防は優生学ではない」とされていた。過去の優生学は国家政策により強制的に実施されたもので誤りだったが、現代の遺伝医療は自主性が前提とされており、問題はないとした。

これに対してサブファイナル・バージョンは優生学史の成果を踏まえ、優生学には自主性を重んじるものもあったことに触れた。この記述は一見、新優生学批判につらなるラディカルな姿勢の表れであるようにみえるが、内容をよく読んでみるとそうではない。「自発的アプローチの必要性」と題する一節には、「今日まず大切なことは、ある種の優生学を避けねばならないことである」と書かれている。これは強制的な優生学は避けねばならないが、自主的な優生学は容認できることを示唆している。

サブファイナル・バージョンを執筆した生命倫理学者たちは、ガイドラインを作成する立場として、遺伝医療と生殖医療における発生予防（出生前診断と選択的中絶による障害児の出生防止）という行為の「是非」を明確にする必要があった。したがって自主的な優生学はその自主性ゆえに「是」とされたのである。歴史家たちは、歴史上の事象についてその「是非」を判定するという態度はとらない。それは現在の価値観を過去に投影する遡及主義におちいることを警戒するからである。ある種の優生学について「自主的」と特徴づけたとしたら、次にはその「自主性」が当時の歴史的文脈でどのように成立し、どのような意味をもっていたかを知ろうとするのが歴史家である。しかし、ガイドラインをつくる生命倫理学者は行為の指標を提供しなくてはならない。また、生命倫理学者が生殖技術や遺伝医療に関連して優生学に言及する場合、優生学の問題は臨床倫理、具体的には医師―患者関係の倫理の枠組みで論じられることになる。その枠組みでは、「自主性」あるいはインフォームド・コンセントにもとづく自己決定を前提としている限りで、特に問題ないのである。

つまり、優生学史における「自主性」という概念は、生命倫理学者によって臨床倫理の文脈に置かれたことにより、インフォームド・コンセントと自己決定という問題に置き換えて解釈されたのである。別の言い方をすれば優生学史における修正優生学の「自主性」の意味が矮小化されてしまったともいえる。

優生学史における「自主性」という問題は、本来、障害者による新優生学批判にも通じる論点を提供するものであるはずである。たとえば障害者は新優生学、あるいは新遺伝学における優生学的要素について、障害概念の生物学・医学化による、障害自体の否定を問題にする。障害の受け止め方には、社会的・文化的要因が大きく影響していることを明らかにし、社会的・文化的バリアの撤廃を主張することが、障害学（ディスアビリー・スタディーズ）および障害者運動の一つの到達点であった。新遺伝学や新優生学は、障害を生物学的次元で理解し、克服あるいは排除しようとするものであり、それによる差別の強化が予測される。つまり、「自主的」か「強制的」という対立軸のなかだけに優生学の問題があるのではなく、生物学・医学的な障害観にもとづく医療システムの拡大が、障害者差別を強化するという問題意識が存在しているのである。(13)

新遺伝学における遺伝子観は、古典的遺伝学のように運命論的、決定論的なものではなく、環境とのダイナミックな相互関係を前提とするものである、という反論もあろう。しかし、それでも基本的な指標は遺伝情報であり遺伝的なリスクの情報になるはずである。「新遺伝学」が、遺伝学的知識の増大をふまえた人間観の形成を促し、遺伝子工学を基礎とするゲノム医療への人びとの参入を奨励するものであるとすれば、障害者の危惧は正当なものといえよう。

「遺伝学的市民」

「遺伝学的市民」（genetic citizenship）とは、「新遺伝学」の時代に登場してきた市民像である。遺伝学的市民は、「知る権利」や「選択の自由」を主張し、遺伝学リテラシーをもち、適切なインフォームド・チョイスによって新遺伝学が提供するサービスを自由に使いこなせる市民である。また、遺伝学的市民は専門家、政府、議会、企業などと対等な立場でリスクコミュニケーションを行い、新遺伝学に関係するさまざまな意志決定に民主的手続きにより参加する能力をもつ。[14]

「遺伝学的市民」の原型は、政策決定に参加する能動的市民（active citizenship）である。[15] 政府や専門家に支配されたり、もっぱら頼ったりするのではなく、自律的存在として公共領域での合意形成に参加するのが能動的市民である。遺伝学的市民は能動的市民の新遺伝学版であり、新遺伝学の政策立案者にも、その政策を批判する急進派から穏健派に至る患者団体にも、望まれている形態である。

ウェクスラー家の父と娘は、ハンチントン病へのかかわりを通じて構築した新しい活動形態と関係は、遺伝的市民のモデルとなった。父と娘は患者家族という立場で遺伝財団を設立、運営し、政府や民間から資金を集め、ハンチントン病研究のために科学者を動員してハンチントン病の遺伝子解析を成功させた。またハンチントン病の専門学会を財政的に支援して開催し、科学者、臨床医、患者家族、保健医療専門家の交流の場を実現した。精神医学者の父と臨床心理学者の娘は、科学者と対等なパートナーシップをむすび、娘は研究プロジェクトの一員としてベネズエラのハンチントン病家系の調査をして膨大な家系図を作製するとともに、自らの皮膚生検の傷跡を見せて自分も患者家族であり、検体を提供していることを説明しながら、研究協力を依頼して回り試料を集めた。ウェクスラー父娘は遺伝学の専門家ではないが、極めて高い遺伝学リテラシーを備えていた。また、娘のナンシーは患者家族をカウンセリングによって支援し、ハンチントン病の発症リスクをもつ人びとの心理に関する発表をして高く評価されたのである。(16)

しかし、ハンチントン病の遺伝子診断が可能になったことによって、患者家族、発症リスクのある人びとにとって厳しい選択を迫られることになった。もし検査結果が陽性であったとき、治療法のないハンチントン病患者は発症にいたるまでの人生をどのように持ちこたえたらいいのか。結局、ウェクスラー姉妹は発症前診断を受けないことにした。この判断の尊重は「知らない権利、知らされない権利（right not to know）」として遺伝子診断の重要な倫理原則の一つになっている。

「知らない権利」も含めて、ウェクスラーはハンチントン病の「新遺伝学」において高い自律性と影響力を確保することができた。しかし、小さな子どものうちに死んでしまう病気であることを訴える資金集めのキャンペーンに対する成人患者の違和感や、研究者と患者のすれ違いと反目を報告している研究もある。(17)また、多くの場合市民の遺伝学的リテラシーには限界があり、ゲノム研究関係の諮問委員会などでも、ほとんど実質的な影響を及ぼせないでいるのが実情である。しかし、遺伝学的市民である「私」は、自律性を認められると同時に、公共的責任を担うべき立場にもあり、新遺伝学に対しての責任感を求められている点で、かつての優生学と同様の性格をはらむことになるとケールは指摘している。[18]

二〇〇二年一二月、国際ヒトゲノム機構（HUGO）の倫理委員会は「ヒトゲノムデータベースに関する宣言」において、「ヒトゲノムデータベースは地球公共財である」とした。[19] これは、知的所有権の拡大をもくろむ企業を牽制し、あえて「地球公共財」と規定することでヒトゲノム情報の占有を防ごうとするねらいがある。しかし、ヒトゲノムデータベースを地球公共財とみなすのは、果たして妥当だろうか。企業によるデータ提供への寄与を前提とするヒトゲノムデータベースは、本来の意味での公共財ではないのは明らかである。むしろ、公共財とすることにより、ヒトゲノムデータベースに特別な地位が与えられ「私」に遺伝情報を拠出する市民的責任が求められることになりはしないか。宣言文のなかには公共財を個人、家族、コミュニティー、政府などが育成すべきである、という一文もある。日本でも、文部科学省がミレニアムプロジェクトによる三〇万人のゲノムデータベース構築が開始されている。遺伝疫学と結びつきつつ国民保健の一環となるこのプロジェクトのゲノムデータベースは、今後どのように意味づけられていくのか、注目する必要があるだろう。

注

（1）「ハンチントン病とは?」日本ハンチントンネットワーク（JHDN）http://homepage1.nifty.com/JHDN/1.html

(2) Alice Wexler, Mapping Fate: *A Memoir of Family, Risk, and Genetic Research,* Times Books, 1995(アリス・ウェクスラー、武藤香織・額賀淑郎訳、『ウェクスラー家の選択——遺伝子診断と向きあった家族』新潮社、二〇〇三年、二五八～六〇頁)以下も参照のこと。J・E・ビショップ、M・ウォルドホルツ(牧野賢治・秦洋一・瀬尾隆訳)『遺伝子の狩人』化学同人。なお、ナンシー・ウェクスラーは一九八九年から九五年まで米国のヒトゲノム計画ELSIワーキンググループの初代委員長をつとめた。

(3) Gusella JF, Wexler NS, Conneally PM, Naylor SL, Anderson MA, Tanzi RE, et al. "A polymorphic marker genetically linked to Huntington's disease." *Nature* 1983; 306: 234-8.

(4) ウェクスラー、前掲書、九頁

(5) Peter Conrad and Jonathan Gabe (ed.), *Sociological Perspectives on the New Genetics,* Blackwell, 1999, Kaja Finkler, *Experiencing the New Genetics,* University of Pennsylvania Press, 2000, Alan Petersen and Robin Bunton, *The New Genetics and the Public's Health,* Routledge, 2002, I. Nippert, H. Neitzel, G. Wolff (eds). *The New Genetics: From Research into Health Care,* Springer Verlag, 1999. 武藤香織「『新しい遺伝学』の家族社会学——家族・親族の医療化と病名告知を手がかりに」『哲学』(三田哲学会)第一〇六巻、二〇〇一年、九三—一二一頁、などを参照。

(6) *The New Genetics and Society* (Carfax Publishing) HP http://www.tandf.co.uk/journals/carfax/14636778.html

(7) Petersen and Bunton, 2002, 36.

(8) Ibid., 39-42.

(9) 松原洋子「優生学」『現代思想二月臨時増刊号—現代思想のキーワード』青土社、二〇〇〇、一九六～九頁

（10） Daniel J. Kevles, *In the Name of Eugenics: Genetics and the Uses of Human Heredity*, University of California Press, 1986（ダニエル・J・ケヴルズ、西俣総平訳『優生学の名のもとに』朝日新聞社、一九九三）

（11） たとえば、以下を参照。 David Magnus and Glenn McGee, "Eugenics and Ethics" in MJ Mehlman and TH Murray, eds, *The Encyclopedia of Ethical, Legal, and Policy Issues in Biotechnology*, John Wiley and Sons, 2000.

（12） 玉井真理子「世界保健機関（WHO）による遺伝医療に関するガイドラインと「優生学」」『紀要』（信州大学医療技術短期大学部）、第二三巻、一九九七、三七〜六一頁

（13） Disabled People Speak on the New Genetics: DPI Europe Position Statement on Bioethics and Human Rights.（DPI-Eur. org）http://www.dpieurope.org/htm/bioethics/dpsngfullreport.htm

（14） "genetic citizenship" という用語は Heath, Rapp らの未刊行原稿（ウェブ上で公開、のち二〇〇四年に出版——Heath et al. 2004）で知られるようになり、二〇〇三年頃から複数の研究者によって使われるようになったが、Petersen は同様の概念を二〇〇二年の以下の著作で展開している。 Peterson and Bunton, op. cit., 6, 57-59. Heath, Deborah, Rayna Rapp, and Karen Sue Taussig 2004 "Genetic Citizenship." In *A Companion to the Anthropology of Politics*, ed. D. Nungent and J. Vincent, 152-167. Malden: Blackwell Pub（仙波由加里訳「ジェネティック・シティズンシップとは何か」『現代思想』青土社、二〇〇三年一一月号、一七三〜一八九頁）。

（15） Anne Kerr, "Rights and Responsibilities in the New Genetics Era," *Critical Social Policy* 23 (2): 209, 2003.

（16） ウェクスラー、前掲書、一五七〜一八五、二四九〜二八一頁

（17） Alan Stockdale, "Waiting for the Cure: Mapping the Social Relations of Human Gene Therapy Research," Conrad and Gabe, *op. cit.*, 79-96.

(18) Kerr, *op. cit.*, 219-220.

(19) "Hugo Ethics Committee Statement on Human Genomic Databases," December 2002. http://www.gene.ucl.ac.uk/hugo/HEC-Dec02.html. 加藤和人氏（京都大学）に資料の存在についてご教示いただいた。地球公共財については、インゲ・カール、イザベル・グルンベルグ、マーク・A・スターン編、FASID国際開発研究センター訳『地球公共財――グローバル時代の新しい課題』日本経済新聞社、一九九九年を参照。

病と健康のテクノロジー

市野川容孝・松原洋子

ヒトゲノムをめぐって

松原　二〇〇〇年の六月二六日、ヒトゲノム計画を推進してきた官・学セクターの国際共同研究チームとバイオ・ベンチャー企業セレラ社が、ヒトゲノムのDNA塩基配列の解読をほぼ完了したと、ホワイトハウスで大々的に発表されました。官・学チームとベンター率いるセレラ社は、配列データの利用のあり方をめぐって厳しく対立してきましたが、ここではクリントン大統領立ちあいのもと、両者が手を取りあって生命科学の歴史的快挙をほめたたえるという図が演出されました。同時に、この分野における米国の圧倒的な優位が強くアピールされたわけです。ただし、約三〇億対あるという塩基の配列が生物学的な情報としてどのような意味をもつのか、その全貌を本格的に解明する作業はこれからという段階です。

ヒトゲノムのDNA情報データベースを活用して、さまざまな病気や体質の原因解明をすすめる一方、遺伝子治療、オーダーメイド医療、ゲノム創薬などを軌道に乗せ、ゲノムサイエンスおよびバイオインフォマティクスを基盤に医療を刷新することが、次の課題とみなされています。これに伴う研究開発で取得される特許が、将来の日本経済を左右するものとして注目を集めています。ヒトゲノムの概要版発表が当初の計画より前倒しされたのも、ベンチャー・キャピタルが民間企業に流れ込んで特許競争が激化した結果ですし、二〇〇〇年六月の概要版完成のニュースは『日本経済新聞』の朝刊一面トップで取り上げられた。ヒトゲノム計画との関連では遺伝発生学や分子進化学など基礎生物学分野の進展も期待されていますが、解読推進を後押ししたのはやはり「経済」といえるでしょう。こうした状況のなかで、現在ITと並んで「遺伝子」への関心が非常に高まっています。

同時に、遺伝子情報の解明に伴う差別や人権問題が生じる恐れも危惧されています。これに対して、遺伝情報の科学的解明が進むと、むしろ遺伝的差別の根拠が希薄になるという意見もあります。遺伝性疾患の原因となる遺伝子は多くの場合、性染色体以外にある劣性遺伝子なので、遺伝性疾患の遺伝子そのものは誰もが平均数個もっている計算になる。つまり、実際には病気として現れなくとも、遺伝子型のうえでは誰でも何らかの遺伝性疾患とかかわりをもっているのだから、遺伝性疾患の遺伝子をもつことは差別の根拠となりえない、というわけです。確かにこのような遺伝子像は、遺伝性疾患を誰にもおこりうるDNA塩基配列の変異の問題に置き換えることで、血族にまつわる宿命的で特殊な病気という「遺伝病」のイメージを変える可能性があります。

でも、生活者としての人間がまず直面するのは、遺伝学の用語でいえば遺伝子型というより表現型ですよね。どんな遺伝子をもっているかはともかくとして、実際にどのような形やはたらきが身体に現れてくるのか、という発生の場面が問題なのです。

かつて「病マキ」（病マケ）という言葉がありました。ハンセン病や結核、精神病あるいは遺伝性の病気などの患者を出した家筋が「病マキ」と呼ばれて、村人はその家の者との結婚を避けました。実は「マキ」という言葉は今も生きていると、遺伝性疾患の患者会のサポートをしている人に聞いたことがあります。このような病や障害をもつ人たちの家筋に対する通婚忌避は、「遺伝」（という誤解）を理由とする差別であると私たちは解釈します。でも、忌避感の直接の源泉は、「遺伝」ではなく、その病や障害が本人やその家族の暮らしにもたらす苦痛や負担の重さへの「恐れ」にあるのではないでしょうか。遺伝性疾患であっても、その現れかたが暮らしや人間関係に大きな支障をきたすものでなければ、とりたてて「病マキ」として忌避されることはないでしょうし、逆に遺伝性でなくとも、症状が深刻でかつ原因不明であったり、難治性であったり、新生児に影響が出たり、家族から複数の病人がでたりすると、「遺伝」ではないかと疑われて差別されがちです。感染症であることが医学的常識になった後も、結核やハンセン病を遺伝性とみなす偏見は一般人の間に根強く残りました。逆に、かつて激しく差別された病気でも、治療薬の普及などで治癒したり症状が軽くなってくると、差別の視線が緩んできます。

つまり病や障害に対する「恐れ」がまずあって、それが「遺伝」と結びつけられたときに遺伝的差別の問題としてたち現れることに注意する必要があります。仮に近い将来、遺伝性疾患のスクリーニングが普及して、皆が何らかの遺伝性疾患の保因者であったり、将来遺伝子が関係する病気を発症する可能性があると知らされるようになったとしても、また、遺伝子治療や遺伝子科学にもとづく医薬品開発が発達して、遺伝性疾患によっては症状が大幅に緩和されるケースが出てくるにしても、この構造は基本的には変わらないと思います。放っておけば保険会社や雇用主は、医療コストや労働能力を基準に遺伝性疾患を序列化して対応するでしょうし、一般の人びとも、病状や障害の負担の重さ、容姿や精神機能への影響などにもとづいて遺伝性疾患を差別化し、人物評価や子づくりの相手（ときには卵子や精子）を選ぶときの判断材料として活用しようとするでしょう。以前と違うところがあるとすれば、実際に病気や障害が現れていなくとも、遺伝子診断の結果、特定の病名が一人一人に貼り付けられ、生身のからだに現れている様子だけではなく、病気に関する医学的情報にもとづいて差別される危険性が高くなるということです。

遺伝的差別においては、「遺伝子」以前に「病気」や「障害」への差別がある。言ってみれば当たり前の事なんですが、「遺伝子」というキーワードにさまざまな現象が引っぱり込まれる傾向があります。

たとえば「幸福遺伝子」。一九九六年、リケンとテルゲンというミネソタ大学の心理学者が、双子の性格分析をした結果、幸福感の一致率が一卵性双生児では非常に高いという結果を出しました。つまり幸福感の感じやすさには、遺伝的な傾向がかなりあるというのです。リケンらの研究は自己報告にもとづく質問紙のデータを使ったパーソナリティ分析で、DNA解析をしたわけではありません。しかし、『ネイチャー・ジェネティクス』という分子遺伝学の専門誌に掲載された「幸福の遺伝」と題する解説記事で、分子遺伝学者のヘイマーはリケンらの研究をとりあげ、「幸福感」には神経伝達物質のドーパミンやセロトニンの代謝にかかわる遺伝子が関係しているのではないかと推定しました。(D. H. Hamer, *Nature Genetics*, 14 : 125-6, 1996)。この場合の「幸福」概念は条件付きのものですし、「幸福遺伝子」というネーミングもかなり乱暴ですが、ともかく「幸福感」と呼ぶことができるある種の感情も含めて、さまざまな精神状態を、心理学・脳科学・分子遺伝学の連携で解明しようという意欲は、現在一層高まっていますね。

市野川　今、松原さんが、ゲノム分析に伴って、いろんなことが「遺伝子」というキーワードに引っぱり込まれているとおっしゃいましたが、私も同感です。「健康」や「病気」は、すでに塩基配列のなかに書き込まれている、もう少し広げて言うと、自然のなかに埋め込まれているという考えが、強くなってきているように思います。

しかし、こういう傾向を相対化しておく必要がある。一つは、もちろん遺伝決定論の限界をきちんと指摘して、生後の環境その他の重要性を確認しておくことですが、もう一つ重要なのは、「健康」や「病気」というのは、社会的な意味空間の中で構成され、流通する概念であり、表象であるという点だと思います。今、言及された「幸福の遺伝子」ということの中にも、それは表れている。単なる塩基配列に過ぎないものを、あえて科学者が「幸福」の遺伝子とネーミングし、伝えるということ自体、遺伝子もまた社会的な意味空間の中に帰属せざるをえないことの一つの証でしょう。

最近、松原さんたちと出した本(『優生学と人間社会』講談社現代新書、二〇〇〇)でも言及しましたが、ゲノム分析に関連して、もう一つの例をあげましょう。

ＭＡＯ－ａ（単アミノ酸酵素ａ）欠損という現象――これを「疾患」とするかどうかはここでは留保します――が人間にはあるのですが、一九九三年の一〇月二二号の『サイエンス』誌に、オランダとドイツの研究チームが、このＭＡＯ－ａ欠損の原因となる遺伝子が、性染色体Ｘ上にあることをつきとめ、論文として発表しました。ＭＡＯ－ａは、脳内物質のセロトニンを分解する働きがあります。このセロトニンの減少は精神的な鬱状態と関係していると言われていて、だからＭＡＯ－ａの働きを抑制して、セロトニンの分解を抑える薬が現在、抗鬱剤として実際に使われています。このセロトニン仮説にしたがえば、ＭＡＯ－ａ欠損の人は、逆に快活な精神状態であることが多い、ということになる。

話を『サイエンス』の論文に戻すと、この論文の中でドイツとオランダの研究チームは、ＭＡＯ－ａ欠損と遺伝子の関係を示しただけではなかった。ＭＡＯ－ａ欠損の特徴として、精神的に快活であるということではなく、「知能が低い」、「露出癖がある」、「放火未遂の経験がある」といったことを並べ立て、そして、ＭＡＯ－ａ欠損の原因となる遺伝子を「攻撃遺伝子（Aggressions-Gen）」と表現したんです。

この論文が発表された当時、日本でも「攻撃遺伝子が発見された」などと大はしゃぎで吹聴する人がいましたが、ドイツでは、ベンノ・ミュラー＝ヒルという遺伝学者が、即座に痛烈な批判を展開しました（「暴力のヒト遺伝学」『フランクフルター・アルゲマイネ』紙、一九九四年三月三〇日号）。ミュラー＝ヒルは、自身、遺伝学の最先端にいる研究者で、ＨＵＧＯ（ヒトゲノム機構）の倫理委員会にも加わっていましたが、彼は一九八四年に『殺人的科学』（邦訳『ホロコーストの科学』岩波書店）という本を出しています。この本のなかで、ミュラー＝ヒルは、遺伝学者がどうしてナチズムに巻き込まれていったのかを、関係者とのインタビューなどを通じて問いなおしました。

そのミュラー＝ヒルは『サイエンス』の論文を、こう批判した。――MAO－a欠損という現象があり、その原因となる遺伝子が性染色体X上にあるという事実も認めよう。しかし、その特徴、その遺伝子の「表現型」としてMAO－a欠損だけではなく、「知能が低い」、「放火未遂の傾向がある」、「露出癖がある」といったことをあげることは絶対にしてはダメだ。そんなことをすれば、現下のヒトゲノム分析は、かつて遺伝学がナチズム期に踏んだのと同じ轍を踏むことになる。MAO－a欠損に遺伝的な要因があり、そして行動のレベルで何らかの特徴があるにしても、それを「逸脱」と見るかどうかは社会の価値観に由来するのであって、事実の解明にのみ携わるべき遺伝学の及ぶところではない。そうした価値観をすべり込ませて「攻撃遺伝子」なるものを捏造することの方が、はるかに攻撃的で暴力的なことだ、と。

ミュラー＝ヒルは、価値観を排除して、遺伝研究やゲノム分析を事実の解明にのみ従事させようとしているわけですが、ここで力点を置きたいのは、ミュラー＝ヒルの望むような純粋科学が可能かどうかということよりも、客観性を掲げるゲノム研究のなかに、「幸福の遺伝子」とか、「攻撃遺伝子」という形で、どうしようもなく私たちの価値観がすべり込んでしまうということの方です。

「病気」がどうしておこるのか、「健康」はどのようにして保たれるのか、その原因やメカニズムを、なるほど医学は予断や偏見を可能な限り排しながら、客観的で、実証的な手続きのもとに解明していく。しかし、その手前には、何が「病気」で、何が「健康」なのか、また何がそうだと言えるのかという認識論的な地平があって、これ自体は社会的な意味空間、社会の価値観に大きく影響されている。その分割の境界は恣意性を抱え込まざるをえない。MAO-a欠損の人の特徴が「逸脱」なのかどうか、またMAO-a欠損が「疾患」なのかどうかは、私たちがそれを「逸脱」や「疾患」と見なすかどうかにかかっているのであって、自然のなかにそう書き込まれているわけではない。しかし、この点が往々にして、見落とされているのではないか。

私がいろいろ学ばせてもらったドイツの医学史研究者アルフォンス・ラービッシュは「近代医学のアポリア」ということを言う（「文明化の過程における健康概念と医療」『思想』一九九七年八月号）。それは何かと言うと、「病気」や「健康」は社会的な意味空間の中で（ということは恣意的に）構成されるものであるにもかかわらず、それらが、自然科学のモデルに依拠した近代医学の手に譲り渡されるようになると、社会的構成物というそれらの原初的特徴が消去されていく、あるいは不可視化されていくということです。医学が呪術や宗教と結びついている場合、「病気」はしばしば「罪」に重ね合わされる。何か道徳的に悪いことをしたから、その人は病気になったんだ、というように説明されるとき、病気という概念の社会的構成の契機は見えやすい。それに対して、近代医学は、そうした説明を「非科学的」なものとして斥けながら、病気や健康を「脱呪術化」し、「脱道徳化」していくんだけれども、それに伴って、これらの初発にある社会的構成の契機は逆に見えにくくなっていく。――ラービッシュは、そう論じています。

さして目新しくもない凡庸な物言いではありますが、病気や健康の社会的構成というモメント、それらの恣意性ということを、ゲノム分析が進む現時点で、もう一度、確認しておく必要があるように思います。

松原　そうですね。ただ、医療の現場においては、「病気」や「健康」という概念が文化的・社会的に構成されたものである、といった発想をある程度受け入れざるをえなくなっているのではないでしょうか。

一九七〇年代以降、アメリカでは医療人類学が急速に発展し、人びとの主観的な体験としての病に関する研究が蓄積されてきました。文化のコンテクストにおける病を扱う医療人類学が盛んになったのには、当時のアメリカ社会の価値観の変動、特に消費者運動としての患者の権利運動が関係していると思います。インフォームド・コンセントが人体実験だけでなく、臨床一般においても重視されるようになるなど、治療方針の決定において、医学の素人である患者の意向を何らかの形で反映させる必要が生じてきました。近代医学は病気の治癒をめざしてきましたが、生物医学モデルを徹底すると極端な場合「病気を治して患者を殺す」といったような、本末転倒の事態が生じます。患者を医療サービスのクライアントとして尊重するならば、治療後の患者の生活の満足度を考慮した治療方針を立てなければなりません。また、末期患者や難治性で重い障害を伴う慢性疾患患者、また身体機能が衰えた高齢者のように、治癒が見込めない患者についても生物医学モデルには限界があります。慢性疾患が大きなウエイトを占める高齢化社会の医療では、生物医学モデルだけでなく患者のＱＯＬ（生活の質）を重視する生活モデルを基本とすべきだとも言われるようになっています。

ＱＯＬに関連して注目したいのは、非常に重篤な状態にある患者のＱＯＬ指数が予想に反して高いスコアを示す例がしばしば報告されていることです。大井玄氏によれば、多くの調査でガン患者のQOLは対照群の健康人のQOLと変わらないという結果が出ており、また、肉腫患者で下肢切断群と下肢温存群のQOLを調査したら、感情面、身体の自由度、性生活において前者の方が良い成績を示したという例もあるそうです（大井玄「『健康』についての一考察」『健康とジェンダー』明石書店、二〇〇〇）。疼痛のあるリウマチ患者や臨終間際の人でも、高いQOL指数を示すことがある。彼らは重度の疾患を抱えながらも、それと折り合いをつけながら生活しており、自分を「健康である」と感じている場合もあるのです。このような現象をラスプは「疾病のパラドックス」と呼んでいます。（グッゲンムース-ホルツマン他編『QOL』シュプリンガー・フェアラーク東京、一九九六）。「疾病のパラドックス」は、患者の体験としての「病気」や「障害」が、生物医学モデルとは別の価値体系のもとに成立しうることを端的に示しています。こうした生物医学モデルからみれば逆説的な現象が、医療や保健政策の一部にすでに組み込まれているQOLという指標によって再発見されるのは面白いですね。

医療の現場においては、医学の素人である患者、さまざまな文化的・社会的背景をもつ生活者としての患者をそのまま受け入れ、尊重していかなくてはならないという考え方が、一九七〇年代以降、次第に認知されてきました。もちろん、現実には患者がないがしろにされる状況が多々ありますが、それはあってはならないことだ、という認識は患者側はもちろん医療側にも出てきている。すでに生活者としての私たちは、生物医学モデルによる病気観・健康観や生物医学モデル中心の医療との軋轢を嫌というほど経験し、悔しい思いをしたり、闘ったりしてきているわけです。現在、遺伝子科学にもとづいて医学的概念としての健康や病気を再定義していこうという流れがありますが、そのことと、医学・医療とは別のカルチャーのなかで生きる生活者が「患者」となったとき、自分の病や障害をどのように克服するのか、またはそれらとどう折り合いをつけるのかは、基本的に別の問題だと思います。

ただ、医療の遺伝子科学化の進展によって、検査法、治療法が変わってくるのは事実で、特に慢性疾患の予防対策にかなり影響がありそうですね。二〇〇〇年から一一年計画で、厚生労働省が「健康日本21」を推進しています。慢性疾患中心の高齢化社会に対応して、一次予防に重点を置き、とにかく病気にならないように生活をコントロールしよう、というものです。これはまさに医療の生物医学モデルから生活モデルへの転換という発想に乗ったものですが、別名「21世紀における国民健康づくり運動」で、「健康動員国家」のようなイメージを抱いてしまうような古色蒼然としたネーミングですね。「健康日本21」は、いわゆる生活習慣病の遺伝子診断の導入とリンクして、病気になる前から病名をもらって生活管理に努めるライフスタイルを誘導していくことでしょう。遺伝医療の進展に伴う問題の核心は、とりあえずつつがなく暮らしている人も含めて、遺伝子検査によって全員を「潜在的患者」とみなして網をかけ、人びとの生物学的身体だけでなく、生活までをも医療化していくことにあるように思います。そうなると、医療に対抗する生活者としての拠点を確保するのが、むずかしくなりそうですね。

とって大変、興味深いものです。

「健康」な社会と優生学

市野川　社会的構成物としての健康や病気、その恣意性ということから、話はちょっと変わってしまいますが、カンギレムが『正常と病理』のなかで提示している健康の概念、病気の概念は、私にとって大変、興味深いものです。

健康、あるいは病気というと、私たちは大体、こんなイメージをもっている。健康診断で検査を受けると、血圧にしても、肝臓の状態を示すGOTやGPTにしても、血糖値にしても「基準値」というのがあって、それより低かったり、高かったりすると「あら?」ということになる。健康というのは、ある境界をもった域内におさまっていることで、その反対に病気というのは、その領域からはみ出してしまっていることだ。そんなふうに私たちは通常イメージしている。

ところが、カンギレムは、こういう私たちのイメージとはまったく逆とも思えるようなことを言う。「健康を特徴づけるものは、一時的に正常と定義されている規範をはみでる可能性であり、通常の規範に対する侵害を許容する可能性、または新しい場面で新しい規範を設ける可能性である」(『正常と病理』法政大学出版会、一七五頁)。つまり、健康というのは、囲い込まれた領域のなかにおとなしく、あるいは行儀よく止まっていることではなくて、むしろ、その境界を自由にはみ出ることができることなんだ。あるいは、状況に応じて、通常とは異なる生の様式を自在にとれることなんだ。あるいは、規範に律儀に従うことではなくて、むしろ規範を壊したり、つくりなおしたりすることなんだ、というわけです。場合によっては食事を一回や二回とらなかったり、終電車に間に合わなければ歩いて家に帰ったり、そんな無茶ができること、それが健康なんだとカンギレムは言う。

その逆に、病気は、規範からの逸脱ではなくて、むしろ一つの規範に忠実でありすぎること、そこから逸脱したり、はみ出たりできないこととして定義される。「病気もまた生命の規範である。だがそれは、規範が有効な条件からずれるとき、別の規範に自らを変えるとができず、どんなずれにも耐えられないという意味で、劣っている規範である」（同書、一六一頁）。カンギレムは、さらにこうも言う。「病人は、一つの規範しか受け入れることができないために、病人である」（同書、一六四頁）。生が一つの規範しか受け入れないほどに硬直化すること、それが病気だとカンギレムは言う。

カンギレムのこの考えには、「秩序」や「形式」をはみ出るものとしての「生」というジンメルやベルグソンの「生の哲学」の痕跡がくっきりと読みとれますが、私はこの視点から、いろんなことを解釈しおさなければならないと思う。

例えば、体外受精その他の生殖技術の問題。

すでに繰り返し指摘されてきたことですが、生殖技術というのは、そのプログラムに一たん入ると、そこからなかなかぬけられなくなるという傾向がある。最初は人工授精（ＡＩＨ）をやってみる。それを何回かやってダメなら、体外受精をやる。それでもダメなら繰り返しやってみる。「今度はもしかしたら」という淡い期待から、また「あとになって後悔したくない」という気持ちから、

「不妊治療」からなかなか降りられない。江原由美子さん、長沖暁子さんと共同でやった「不妊治療」経験者の方々からのヒアリング調査（女性四二名、男性一二名）でも、そういうケースがかなりありました（東京女性財団『女性の視点からみた先端生殖技術』二〇〇〇）。

これは「病人は一つの規範しか受け入れることができないために病人である」というカンギレムの指摘に重ね合わせると、非常に考えさせられるものがある。体外受精その他の生殖技術は「不妊治療」とか「生殖補助医療」と呼ばれているけれども、それは人を本当に「治して」いるのか。「治療」の過程で「何としてでも子どもを産まなければ」、「子どものない人生ではダメだ」という意識が加速され、人生の幅が狭められるのだとすれば、当事者は、むしろ「不妊治療」や「生殖補助医療」によって「一つの規範しか受けれることができない」状態へと、つまりカンギレムが言う意味での「病気」へと、より強固に縛りつけられるのではないか。

それから、もう一つ、こんなことが考えられると思います。カンギレムは、あくまで「個体」の健康や病気について語っているんですが、これを強引かもしれないけれど「社会」に転用して、健康な社会、病んだ社会ということを考えられないか。

ナチズムというのは「健康」を徹底的に追求した社会だった。一九三九年にヒトラー・ユーゲントに出された「十戒」などは、「健康であることはきみの義務である！　この言葉がきみのすべての行為を支配しなければならない」という言葉で締めくくられている（H・P・ブロイエル『ナチ・ドイツ　清潔な帝国』人文書院、一五五頁）。この「十戒」の手前には、断種法にもとづく四〇万件とも言われる強制的な不妊手術があり、その後ろには十何万とも言われる精神病者や障害者の殺害

（安楽死計画）がある。

しかし、カンギレムの健康や病気の概念を「社会」のレベルに転用したとき、「健康」がすべてを支配したナチスの社会は、ある意味で徹底的に「病んで」いたと言えないか。つまり、どんな逸脱も許容しない、あるいは「健康」と見なされたもの以外の生の可能性を許容しない、あるいは「一つの規範しか受け入れない」という意味で。

カンギレムの指摘を下敷きにして考えると、生殖技術にしても、ナチズムの医療政策にしても、一見「健康」に定位しているかに見えるものが、まったく逆に「病気」に向かっている、というパラドクシカルな側面が見えてくるように思います。

松原　規範ということでいえば、心身ともに「健康」であること、有能であること、美しいことを、人間の理想的な規範とみなし、人間集団における理想的な人間の比率を生殖のコントロールによって高めようとしたのが、かつての優生学でした。戦前の日本の代表的な優生学者である永井潜は、優生学を美しい花園を咲かせるための技術に見立てています。永井の言う「花園」とは人間の理想社会のことです。花園を美しく維持するためには、常に雑草を間引く必要がある。雑草はどんなに手をかけて育てても美しい花を咲かせることはないし、放置すれば繁茂して花園が荒れ果てるというんですね。永井がイメージした雑草とは、彼が言うところの「低級者」、特に「精神病者」、「精神薄弱者」、「病的人格者」、「盲者・聾者」、「強度の身体的奇形者」などです。永井は「低級者」の出現の原因を環境よりは遺伝に求めて、親を断種するという方法で次世代の「低級者」を「間引こう」とした。

永井が夢想した人間の花園は人工的なユートピアです。人類の文明化に伴い医療や福祉が発達して、自然状態では「淘汰」されるはずの弱者が保護されて子どもを残すようになった――つまり自然淘汰が働かなくなった、という認識が優生学の根拠の一つとなっています。このままでは人類の進化は停滞し、ついには滅亡してしまう、さりとて、文明を手放し野蛮な状態に戻ることはまさに退化にほかならない。残された道は、機能しなくなった自然淘汰のかわりに人為淘汰を行い、人工的に進化を維持することだ、と優生学者たちは考えました。ここには生命の原理としての「進化」を、文化的価値である「進歩」に置き換え、自然の代行者として人間が人為淘汰＝品種改良を行い、理想的な人間集団を人工的に作り上げるという論理の転倒があります。もっとも、ダーウィンも『種の起源』で品種改良の事例を豊富に挙げたりしているわけで、優生学を「自然法則の誤用」と単純に片付けるのも問題なのですが。

ともかく、優生学者の理想とする人類の花園では、多種多様の美しい花々が咲き乱れているのかもしれない。しかし、それはあくまでもある価値観にもとづいて人為的に吟味された結果としての花園であって、生命の多様性とはまったく別のところにある。

優生学が非難されてきた理由の一つには、「進化」という原理を援用して、人間や人間社会の理想像を没価値的に語ってきたという欺瞞にあります。また、優生学者が描いてきたようなステレオタイプの理想像の外側で、障害者や病者が営んできた生があり、そこから、理想化・規範化された人間像とは違う生の意味や価値を見出してきた人びとが、異議申し立てをしてきたという経緯がある。事実、人間は生物学的にも、その人が背負っている境遇や経験という点でも多様であり、多様性や偶然から予想がつかないような展開が生まれてきます。かつての優生学者はたぶん、こうしたものの見方は「荒れ果てた花園」つまり混沌を生み出すだけだと考えたんでしょうね。でも彼らの「花園」としての人間社会の理想像はいかにも画一的で現実離れしていて無理があります。

病と健康のエコノミー

市野川　ナチズムの医療政策や、かつての優生学を、生の多様性を広げるのではなく、狭めるものとして批判的にとらえていく必要がある。しかし、批判と同時に、どうしてああいうものが説得力をもってしまったのか、いや今でも説得力をもってしまうのかを考えてみる必要があるでしょう。

そのときにはずせないのが、健康や病をめぐる「エコノミー」の問題だと思います。

一九一〇年の一〇月に、第一回のドイツ社会学者会議が開催されました。これは、M・ウェーバー、G・ジンメル、F・テンニースらを中心とした「ドイツ社会学会」の立ち上げ式になったんですけれども、よく知られているように、この会議でアルフレート・プレッツが「種という概念と社会という概念」という講演を行って、自らの優生学（人種衛生学）のプログラムを開陳しました。テンニースやウェーバーらの社会学者は、プレッツの主張を手厳しく批判したんですが、それについてはここでは立ち入りません。それよりも注目すべきなのは、当時、リベラル左派の「進歩人民党」に所属していたハインツ・ポトホフという政治家が、会議の席上でプレッツに向けたコメントです。

プレッツは、相互扶助や愛他主義に立脚した「社会」の原理によって、これまで蔑ろにされてきた、弱者の淘汰というメカニズムを、「種」の原理とともに何らかの形で復活させるべきだと主張した。これに対して、ポトホフは、プレッツは安易に「弱者」というけれども、そのなかには生後の社会環境によって病弱になっている者が多く含まれているのだから、福祉政策の推進は今後も必要である、と反論した。

ところで、ポトホフは同時に、こうも続けるんです。「生活能力のない片端者（Krüppel）への援助や白痴（Idioten）の施設といった贅沢に賛成する人は、こう自問すべきです。はたして国民は、その資本をこれらに無償でつぎ込めるほど裕福なのか。多くの利益を見込める、国民の経済的資力の活円方法が他にもっとあるのではないか。つまり……社会的援助の支出を、白痴や片端者にではなく、健康な者、とりわけ現在の経済制度が生み出す貧困ゆえに死に追いやられている健康な乳幼児の生命を救うことに向ける方が、生活能力のない者の生命を維持するよりも、ずっと多くの利益をもたらし、はるかに経済的なのではないか」（*Verhandlungen des ersten deutschen Soziologentages.* S. 147-8. 原文中の差別的表現はあえてそのまま翻訳した）。

ポトホフのこの発言で重要なことは二つある。一つはなるほど福祉政策は必要だと考えているけれども、ポトホフはそれを万人に対して行えと言っているだけではないということ。治癒可能、リハビリ可能で、生産過程に復帰できる人だけが対象となっていて、それ以外は「贅沢」だと言っている。

そして、もう一つは、ポトホフがそういう選別を、プレッツのように生物学的な観点からではなく、経済の観点から導き出しているということ。フーコーは、あるインタビューで、福祉国家を「無限の要求に直面する有限なシステム」と評しましたが（"Un système fini face à une demande infinie" in *Dits et écrits.* IV p. 367）、要求は無限にありうるけれども、福祉の財源は有限であるという、そのずれ、というか矛盾が、ダーウィン流の進化論とはまた別の選別を生み出してしまう。プレッツを批判しつつもポトホフが、図らずも開陳しているのは、そういう福祉国家に内在し、エコノミーの観点から導き出される選別の問題です。福祉はなるほど重要だけれども、それだけ私たちの国は豊かなのかという、今日でも繰り返されるような主張です。

第一回ドイツ社会学者会議の議事録を読むと、ポトホフの右の発言のすぐ後に「拍手おこる」と付記されている。誰が拍手したのか知りませんが、会議に出席した少なからぬ人が、ポトホフに賛同したということですよ。ナチズムの優生政策も、こういうものの延長線上で理解しなければならない。ナチスが優生政策の必要性を国民に訴えるため、一九三六年に作成したポスターでは、金髪碧眼の典型的なアーリア青年が、故意に醜く描かれた二人の「遺伝病患者」を天秤棒で担いでいて、その上にはこう書かれている。「君もともに担っているのだ！——一人の遺伝病患者が六〇歳まで生きると平均で五万マルクの費用がかかる」。背景には、彼らの生活する施設が描かれている。こういうエコノミーを喚起させながら、ナチスは断種法の正当性を説いていった。

しかし、こういう問題は、決してナチスの時代だけの話ではない。このポスターに即して言えば、天秤棒に乗っている「遺伝病患者」を「高齢者」に換えれば、まったく同じものを今の日本の私たちも始終、見せられてるじゃないですか。「二〇××年になれば若者何人で、何人の老人の面倒をみなければならない」という説明が付いて、少子高齢化のもたらす「危機」が喧伝されている。
こういうエコノミーの問題について、松原さんはどうお考えですか。

松原　福祉の財源も、人手も、医療資源も有限ななかで、それらをどう生み出し運用していくのか、というエコノミーの問題は、福祉国家をまわしていくときの鍵であることは確かです。問題は、社会経営のテクノロジーの原理原則をどこに置くか、ということだと思うんです。

先ほど市野川さんが言われたポトポフの発言やナチスの優生政策の核心には、俗に言う「働かざるもの食うべからず」という原則があります。言い換えれば「納税者でなければ税金の恩恵を受ける資格はない」ということになるでしょうか。子どもは将来の納税者、老人はかつての納税者として、働かなくとも恩恵を受ける資格がある、というわけですね。ポトホフが生産過程に一生参加することのない障害者への援助の支出を、貧困にあえぐ健常な乳幼児の救済にまわすべきだ、と主張したのも、彼のなかに納税者になりうるか否かという判断基準があったからだと思います。

この理屈でいくと、人道的立場から障害者や病気療養中で働けない人びとに手厚い福祉を提供しようとすればするほど、こうした非納税者にかかるコストが高くなり、納税者の負担が大きくなる。だからせめて、「遺伝性」とみなされた障害者、病者の数を減らすために断種をしよう、という話になったわけです。出生前診断の結果にもとづき、障害をもつ胎児を選んで中絶することが障害者差別につながる、という批判への反論として、「これから生まれてくる障害者の数を減らせば、今生きている障害者への福祉をより厚くすることができる。だから障害者差別にはならない」という主張がありますね。この説明は、市野川さんがしばしば指摘しておられる優生学を正当化した福祉国家の論理とまったく同じです。

エコノミーの問題への対応として、国民に占める納税者の比率を上げ、財源を消費するだけの非納税者の比率を下げるという戦略は、収支の算数で理解できるとてもシンプルなものです。その戦略を大原則にかかげたのが「福祉国家の優生学」だったわけですが、しかし、そこには非常時の論理を平時に適用するような、一種の錯誤があるのではないでしょうか。ポトホフのような人は、自分をトリアージオフィサーにみたてていたように思えます。

トリアージというのは救急医療の概念です。戦場や突発的な大災害・大事故といった非常時に、援助者や医療資源が限られているなかで、より多くの人びとを速やかに救命するために患者の治療の優先順位を決めることをトリアージ、どんな治療を誰にするかを決めて患者を振り分ける役目をする人をトリアージオフィサーといいます。たとえば戦場では、戦闘に復帰できるかどうかが基準となり、軽傷者が優先されます。福祉国家における優生学では、財政的な極限状態を想定して、納税者になれるかどうかを基準として生まれるべき人間を「トリアージ」していたのではないか。非常時のエコノミーと平時のエコノミーは違うし、社会経営のテクノロジーも変わってくるはずです。それなのに、危機感をあおるためにあえて非常時の論理を使うというトリックが、優生学の主張にはあったのではないでしょうか。ちなみに、戦場ではなく一般の人びとがまき込まれる災害時には、「災害弱者」（子ども、女性、高齢者、病人、障害者、貧困者など）を優先することがトリアージの原則になっています。非常時だからこそ、こうしたモラルを守ることが大切なのだと、救急医療では考えられているのでしょう。そうなるとなおさら、優生学の発想の品性が疑われます。

市野川　このところ私は、少なくとも二〇世紀の前半において、優生学と福祉国家が共犯関係を取り結んでいたということを書いたり、しゃべったりしているんですが、ただ誤解してほしくないのは、そうだからと言って、八〇年代の新保守主義よろしく、福祉国家や「社会的」なものの概念を否定しているだけではないんです。それらに潜在する危険性に自覚的でありつつ、それらをどうやって再編成すべきなのかを考えなきゃけない、と言いたいんです。福祉国家や「社会的」なものの概念は、今後も私たちが継承していくべき二〇世紀の重要な産物です。

しかし、今の日本の動向は、福祉国家や「社会的」なものの概念を解体しているようなところがある。

一九九七年に日本の健康保険法は「改正」され、被保険者本人の自己負担は一割から二割に増えて、薬剤の負担も増えた。結局どうなったかというと、たとえば難病の患者さんの経済的負担は、ひどいケースになると三倍から五倍、それ以上になることもある。ただでさえハンディを負っている難病の患者さんにとって、こういう経済的負担の増大は、百害あって一利なしでしょう。

高齢化に伴って国民医療費が増えてきている、だから抑制しなきゃと言われるわけですが、日本の医療費の対GNP比（九七年）は七・三パーセントで、アメリカの一四パーセントに比べれば、まだ約半分にすぎない。「いや、これから急激に増大するから安心していちゃダメだ、今、抑えなければダメだ」と煽られるわけですけれども、先ほどの松原さんの言い方をかりれば、「非常時」のイメージが必要以上に誇張されていないか。

しかも、私が気になるのは、「社会的」なものの概念のこういう切り崩しが、患者の「自己決定」

という論理とリンクしながら進行しているということです。つまり、それ自身は重要な患者の「自己決定」(の尊重)が、患者の「自己責任」、「自己負担」の強化に反転しながら、「社会的」なものの概念を切り崩しているという側面がある。

日経メディカルが立ち上げた「二一世紀の医療システムを考える研究会」というグループが、昨年『医療を変える――提言・患者主体の医療改革』(日経BP社、一九九九)という本を出しました。その提言の冒頭では「患者自身が医療情報を受け止め、理解し、自発的に選択できるようにすべきである。また、必要な医療を受けるためには患者もまた相応の負担をしなければならないことを認識すべきである」という形で、患者の「自己決定」と「自己責任」がはっきりセットで語られている。そして、九七年の健康保険法などの「改正」をさらに超えて、「患者負担が五割以上に上がれば、たとえば薬は『もらう』のではなく、『買う』という意識に変わり、市場原理に基づいた厳しい薬の選択を患者自身が行なうようになると思われる」という主張まで飛び出す(同書、一六三頁)。患者の「自己責任」、「自己負担」を引き上げて、市場原理に委ねれば、不必要な医療費を削れる、という発想です。

しかし、これはまったく間違っている。

誰が好き好んで、要らない薬を飲んだり、不必要な手術を受けたりしますか。医師が「そうしなさい」と言うから、仕方なくそうしているケースが大半であり、しかも私たち素人が、そういう判断が妥当かどうかを見きわめることは大変、難しい。「賢い患者になりましょう」という提言も出されているのですが(同書、六〇頁)、ある程度「賢く」なれるにしたって、やはり限界はある。完全に「賢く」なれるなら、自分で医者か薬剤師になってますよ。

そもそもの問題は、医療サイドが、日本独特の薬価差益や、またそれを活用して赤字を補塡せざるをえない診療報酬制度の歪みを背景に、不必要な投薬をしているという点にある。そういう医療サイドの問題にはメスを入れないで、「自己負担」の増大という形で患者にツケを回すのはまったくの筋違いでしょう。

患者の「自己決定」の尊重が、その「自己責任」、「自己負担」の強化に裏返されながら、「社会的」なものの概念が掘り崩されていくことに対して、私は大きな疑問を持っています。エコノミーが、何らかの形で私たちが向き合わなければならない不可避の問題だとしても、こういうものが、健康と病のエコノミーのあるべき姿だとは思えない。

松原 「自己決定」や「自己負担」の議論には、自分に必要なサービスを自由に選ぶ能力があり、選択に失敗したときのリスクにも耐える能力がある、という暗黙の前提がありります。たとえば、ハイリスク・ハイリターンの金属商品を買って大損してもそれは自分の責任、というわけですね。患者が一消費者として医療サービスを選ぶ時代になりつつある、という認識、つまり「強い患者像」が医療の自己決定、自己負担の議論の背景にあると思います。

でも、病気や障害をもつ人たちの多くは、痛みやさまざまな不自由さと向かい合うことに精一杯だし、医療費や不自由さを補うための出費で経済的にも負担がかかるから、身軽で元気な人と比べると、選ぶ能力にも失敗を引き受ける能力にもゆとりがなくなっています。家族も同様です。取りあえず今なんとかやりすごすしかないという状況なので、医療の現場に大きな不満があっても大抵のことはがまんする。それでも、あまりにひどいから、命や生活を防衛するために「強い患者」にならざるを得ない、というのが実情です。金融商品を選ぶのとはわけが違う。そもそも医療や福祉は、身体上何らかの不具合が生じて、市場原理にもとづく競争に参入しきれなくなった人の受け皿となってきたわけです。医療や福祉にかかるコストをどうするか、という議論が必要なのは当然です。しかし、医療や福祉の財政再建の基本原則を、元気で身軽な人間を前提とする競争原理に置くのは、本末転倒だと思います。市野川さんが指摘されるように、財源をひねりだすためにやるべきことは、他にあるはずです。

さきほどふれた「健康日本21」は、高齢化社会における医療費の膨張への対応として、国民が病気にならないようにすることを重要な目標とし、特定の疾患患者を何パーセント減らす、といった数値目標を掲げています。病気になると医療費がかさむので、生活習慣をコントロールして病気を防ぐ、つまり国民の自助姿力で医療コストを減らそうという戦略です。治療法の選択の自己責任だけでなく、いわゆる生活習慣病については病気になることも自己責任として問われることになりそうです。病気の予防を名目に、医療が人びとにとって不本意な介入をしようとするとき、患者が医療と対等に渡り合うための制度やノウハウをしっかりと築きあげていかないと、健康は国民の義務であるといわんばかりの医療の権力にのみこまれてしまうでしょう。

「個」と「全体」の反転

松原　ここで、ちょっと視点を変えてみたいと思います。患者の自己決定をつきつめると、倫理と衝突する場面が出てきます。たとえば死んだ子どものクローンをつくりたい。子どものために臓器移植を実現したい。それは当事者にとっては非常に切実な願いとして出てくるわけで、それを理由に新しい先端医療を実施する場合もあるし、倫理的理由で実施を見合わせる場合もある。

たとえば患者の権利運動にしても、七〇年代には、全体の論理に対して個の論理をぶつけて壁を突破していった。もちろんそうしなくてはならない状況は依然としてありますが、今では個の論理が先端的な生物医学／医療と結びつきつつ全体の論理を突き抜けようとしていて、それに対して法律やガイドラインなどによる規制が必要、という状況になっています。一人一人の切実な願いを踏みにじっても、やはり人類としては譲れない一線みたいなもの、たとえばクローン人間は産ませないという全体からの規制をかけるわけです。

一九五〇～七〇年代には遺伝学者や医者たちの間で、「人間の遺伝子プールにおける有害遺伝子の蓄積」を問題視し、優生学的実践の必要性を主張する声があがっていました。彼らは真面目に、「科学者の社会的責任」として、未来世代における遺伝子プールの問題を考えていたのです。それに対して、そうした発想は個のオートノミーを全体の論理によって侵害するものだ、という批判がぶつけられました。

しかし現在では、個のオートノミーが先端医療技術の享受の自己決定に読み替えられている。医療消費者としての個と、科学・技術・経済が一緒にまわっていこうとするときに、それを批判する動きは、一見、かつての優生学と似てくることがあります。

たとえば、七〇年代からバイオテクノロジー批判や優生学批判を精力的に続けてきたジェレミー・リフキンが、「アルス・エレクトニカ99」というイベントで、遺伝子工学は遺伝子プールを弱体化させ人類の滅亡をまねく恐れがあるとして、遺伝子工学を使って子どもを持つべきではない、と発言しました。これに対して、分子遺伝学者のヘイマーが「あなたが実は隠れ優生主義者だったとは知らなかった。何の権利があって、遺伝病をもたない子どもを生んでいいとか悪いとかいえるのか」と声を震わせながら反論したといいます（S. Kettmann, *Wired Magazine*, Sep. 7. 1999）。ヒトに対する遺伝子操作の普及は人類の遺伝的多様性を損なう結果をもたらし、やがて人類が衰退するといった主張は、バイオテクノロジー批判の文脈では珍しくありません。優生学の議論をめぐって、個と全体の関係が新しい段階に入っていることを感じます。

市野川　今の「個」と「全体」という話を、「市場」と「国家」に置き換えて、少し考えてみたい。「健康」にしても、あるいは「身体」にしても、それは、これまで基本的には「市場」の外にあったと思う。

私有財産に関するロックの議論にしても、まず所与として（健康な）身体があって、売ったり、買ったりという形で市場の俎上にのせることができるのは、それが作り出す財、もしくは作り出す営み（労働力）以降のものでしかない。だからロックは、身体や生命そのものの売買、つまり奴隷制というものを否定する。否定するというよりも、ロックは、そもそも、そういうことはありえないと言う(『市民政府論』第五章)。なぜなら、人間は「自分で自分自身の生命をどうする力ももっていない」つまり「自分自身の生命に対する権力」をもっていないのだから、もともともっていないものを人に譲り渡すことなどできない、というわけです。自己の身体や生命に関するロックのこの論理は興味深いものですが、それはさておき、近代化に伴って、市場の原理が広がっていくのと入れ換わりに、人間の身体や生命が市場そのものからはじき出された、つまり奴隷制が批判と告発の対象になった、という点に留意する必要がある。

それからもう一つ、経済的自由主義(資本制)のもたらす諸弊害が、一九世紀の西洋社会で露呈していったときにも、人間の生命や身体や健康は、市場の外にあるものとして認知された。一八四八年の革命時に、医療改革運動にたずさわったザロモン・ノイマンというドイツの医師は、私有財産制を否定すべきでないとしても、しかし、それは万人がなにがしかの財産をもっていることを前提としている。労働者というのは(マルクスにならって言えば)自分の労働力以外に何も売るものをもっていない人びとだけれども、現下の制度では、彼らは健康さえ、つまり労働力さえ確保できずにいる。市場は、それを保障してくれない。だから「国家」が、「無産者に対し、健康を彼らの唯一の自然的財産として保護し、保障すること」、「まず第一に健康ということにおいて、無産者に対し、彼らの唯一の財産を保障する」ことを、自らの義務として引き受けなければならない、とノイマンは主張した(市野川容孝「生-権力論批判」『現代思想』一九九三年一一月)。福祉国家というものも、こういう論理にのっかって出てくる。市場に参入するための前提条件ではあるけれども、市場そのものによっては確保されない生命や健康を、国家が万人に保障しなければならないという形で、福祉国家は作動していた。

私たちが先ほど論じたのは、この福祉国家という枠組みのなかで、たとえば優生学という暴力が作動したということでした。いずれにしても、こでは優生学を「国家」に引っかけて批判することができる。

ところが、現在、優生学というか、遺伝子技術というのは、個人の「自己決定」とか、「市場」という論元にのっかって広がりつつある。松原さんも、キッチャーの「レッセ-フェール優生学」という主張に注目されてますよね（松原洋子「優生学」『現代思想』二〇〇〇年二月臨時増刊号）。そして、かつては「市場」の外にあった生命や身体が、その俎上にのせられるようになった。たとえば、医療保険など効かないけれども、精子バンクから精子を買ってきて、自分の意向に合わせて子どもをつくる。あるいは、占いと同じように、自分のことをもっと知りたいという形で、各種の遺伝子検査がいわば消費の対象になる。あるいは、自分の遺伝情報を、ゲノム分析をやっている会社に売るということもあるうるでしょう。そして、こういうことすべては「本人がいいと言っているんだから、いいじゃないか」という形で、おそらく正当化されていく。「全体」とか「国家」にからめて、これらを批判することは（ある程度、可能だとしても）ほとんど効力を失っている。難しい時代になってきてますね。

松原　たとえば半導体は「産業のコメ」といわれてましたけれど、DNAが新たな「産業のコメ」となるという見方もある。生物個体や生物種のインテグリティを解体して、部品化して、資源とする。情報として資源にもなるし、モノとしての資源にもなる。これらを市場でまわしていくようになった。人間の身体にも同じようなことがおこりつつある。

市野川　それは大事なポイントかもしれない。

松原　人間の身体のインテグリティを尊重するという原則を放棄すると、身体は生体部品の集積物、情報の集積物に過ぎなくなります。市野川さんが言われたように、人間の生命や身体や健康はかつて市場の外にあったとしても、今ではバイオテクノロジーが媒介となって、人間の遺伝情報や生体組織・細胞が経済的に高い付加価値を生むようになってきました。労働力ではなく、身体そのものの産業化がどんどん進みつつあります。

この背景には、深刻な病気やケガ、障害の治療という契機もありますが、その一方で付加価値を高めるための医療にも注目が集まっている。生命倫理学でときどき美容整形外科の例が引き合いにだされます。病気やケガでもとの容貌が変化したという理由、つまり治療としてではなく、もともとの容貌の付加価値を高めるために、外科手術をする美容整形が倫理的に許容されている。この論理が次世代の身体に投影されれば、付価価値を高めるために、身長を高くしたり、髪が薄くならないようにしたり、知能を高めたりするための、生殖系列細胞の遺伝子治療を許容してもいい、ということになってくる。ましてや、遺伝性疾患から生まれてくる子を苦しみから解放するために、生殖細胞や受精卵の遺伝子組換えをして何が悪い、ということになります。こうした流れにあえて歯止めをかけるとしたら、それは「人類としての決意による」としかいいようがないところがでてくるかもしれない。

市野川　さきほどカンギレムの健康概念を強引に「社会」に転用して話しましたが、そのときの健康な社会というのは、逸脱を許容しながら、生の多様性を可能な限り確保するということであって、それは要はリベラリズムなんですよね。しかし、そうだとすると、いろんな価値観があっていいじゃないか、精子バンクだっていいじゃないか、ということになる。

松原　価値の多元性を求める運動では、多元性の追求は社会を予定調和的に良い方向に向かわせるという暗黙の前提があったと思います。だけど、今みたいに身体そのものがテクノロジーを媒介に市場化されるようになると、そういう予定調和を信頼して個人の自律性にゆだねるという発想が、危機に瀕している。リフキンのように、レッセ-フェールに委ねると遺伝子プールがだめになって、人類が滅亡するという話になる。

市野川　顕微授精をドイツで実施するときに、一部の医学者から、こういう批判が出ました。自分の力で卵子に入ることのできない虚弱な精子で、無理やり受精させるのはよくない。こういうことを繰り返せば、人類の遺伝子の質が劣化する、というんです。結局、あまり耳を傾けられなくて、ドイツでも実施されることになったんですが、ここでは、優生学的な発想が、むしろ先端技術の導入に歯止めをかけている。さきほどのリフキンに通じる話ですね。

松原　本来の「自然」な状態を理想型として、野放図な個人活動に歯止めを掛けるというはまさにかつての優生学の論理ですよね。それを「集団本位の優生学」とすると、今は「個人本位の優生学」が浮上している、と言えるでしょう。後者については「優生学」という言葉の乱用だ、という批判もあるでしょうが、遺伝学と社会の連携のなかで浮上してくる人類の遺伝的改造のテクノロジーとして、あえて私は「優生学」と呼びたい。個のオートノミーの尊重を拠点にしてきたかつての「集団本位の優生学」批判の論理では、「個人本位の優生学」を批判するのは難しいと、考えられるようになっています。

人間の「力」にどう向きあうか

市野川 こういう状況のなかで、どうやって技術に対する批判軸を立てていったら、いいんだろう。私たちの本（『優生学と人間社会』）でも、最終章で米本昌平さんが、やはりその点で本当に苦悶している。

しかし、松原さんとお話ししていて、少し問題が自分の頭のなかで整理されてきた。さきほどの話では、優生学を、生の多様性や逸脱を許容しないもの、あるいは個人の自由を抑圧する「国家」の論理として批判した。しかし、多様性の確保や、個人の自由という論理では、「市場」と連動してすすむ遺伝子技術には歯止めがかけられない。

だとすると、これとは別の軸を立てて考えなければならない。その一つとして、ドイツ語に依拠して言えば、人間の machen（つくる＝［英］make）や Macht（力）や Machbarkeit（なしうること）をめぐるものがあるように思う。つまり、人間が自らの力にどう向き合うのかということ。技術をめぐる問題の根底には、これがありますよね。

立岩真也さんの「他者の享受」というのは、こういう問題に対する一つの答えでしょう（『私的所有論』勁草書房)。つまり、人間には、自分自身さえも手のつけられない部分があって、人はそれをそのまま受け入れてもよいのではないか、という主張です。しかし、立岩さんは「手をつけてはいけない」とか、「そのまま受け入れなければならない」と強く主張することを回避してますから、幾分、腰砕けの感がありますが。

松原 それは他者を操作する場合だけではなくて、自分に対してもそうなのですか。

市野川 自分のなかにも、コントロールの彼方にある「他者」があるということです。こういう指摘は、先のロックにもそれらしきものが確認できるし、ハイデガーの存在論にもある。ただ、これは、単純化すると「それは不自然だからダメだ」という論理になりかねなくて、「何でダメなんだ」とすぐに逆襲される。

最近、翻訳の出たハンス・ヨーナスの『責任の原理』も、技術、とりわけ人間を対象とした医療技術その他を論じるときに、こういうスタンスをとっている。ハイデガーの下で学んだヨーナスだから、それは当然かもしれませんが、しかし人間の Macht や Machbarkeit について、ハイデガーとヨーナスは、スタンスが違う。ハイデガーの場合だと、「存在(Sein)」なるものを、人間の Mahct や Machbarkeit から常にすでに逃れ出ていくものとしてとらえながら、「存在忘却」とか、そこからの「存在」の救済みたいなことを言う。そういう意味で、人間の Macht や Machbarkeit というものに対する向き合い形は消極的です。これに対して、ヨーナスの方は、人間の Macht や Machbarkeit にむしろ積極的に向きあって、そして「責任(Verantwortung)」ということを説く。つまり、自らがなしうることが増大すればするほど、人間はそのなしうることに対する責任を引き受けなければならなくなる。つまり「力」の増大とともに、人間の「責任」も増大するのであって、これをしっかり引き受けなければならない、というわけです。

だから環境問題は、人間が技術の駆使によってもたらしたこと、そしてもたらしうることに向き合うという意味で、典型的な「責任」となる。

先日の沖縄サミットで、遺伝子組換え食品の問題がとりあげられましたが、これについてはヨーロッパ諸国とアメリカのあいだで意見の相違が際立った。日本はアメリカの機嫌をうかがって、さしたる提言もしなかったようですが。ヨーロッパ諸国は、この遺伝子組換え食品の「安全性」が確認できるまで慎重であるべきだと言い、アメリカの方は、その「危険性」がはっきり証明されない限り認めてよいという姿勢をとった。ヨーナスの「責任の原理」に照らすと、ヨーロッパ諸国はこれにかなり忠実で、アメリカとその尻馬にのっかってる日本は、まだその自覚が低い。

ただ、ヨーナスは、自らがなしうることに対する責任として「未来世代への責任」ということを言う。しかし、それは、さっき松原さんが言ったように、かつての優生学者たちを突き動かしていた原理でもあった。だとすると、奇妙なことですが、遺伝子技術の進展に現在、歯止めをかけられるのは、かつての優生学と同型の論理だということになる。

松原　医療とは自然にまかせず、抗ガン剤のように、激しい副作用があらわれるような大きな負荷を身体にかけても、「健康」にもっていく、という人為的な営みです。「全体本位の優生学」では、医療が進むと人類が弱体化する、という発想があった。しかし現実には、集団レベルの「質」はある程度犠牲にしても、個人を医療で救済する方向に進むべきだという形で基本的には進んできた。

そうすると、リフキンにかみついたヘイマーが言うように、「人類の滅亡」をたてに治療的な遺伝子操作を否定するのは、医療の本質と矛盾することになる。

仮に、遺伝性疾患のために生殖細胞や受精卵の遺伝子操作をしてもよい、となったとしても、たとえば異種とのキメラをつくるのは駄目だとかという基準は成立しうる。でも、異種生物の遺伝子を導入することによって、画期的な治療効果が現れる可能性もあります。一九八二年にヒト遺伝子を大腸菌に組み込んでつくらせたヒトインシュリンが商品化されました。今では、ヒトの遺伝子をヤギやヒツジに導入して、それを育ててミルク中に分泌されたヒトのタンパク質を精製して医薬品にするなんてことをしている。現実問題として異種間の行き来は可能になっている。じゃあ、なんで治療の名目でキメラをつくってはいけないのか、という話になります。

市野川　「不自然だからダメ」という論理に依拠しないで、技術に歯止めをかけるというのは、とても難しい。話をしていて、ますますそう思う。

さっき松原さんは「決意」というようなことをおっしゃったけど、根拠を欠いた決断主義というのも、やはり危うい。ドイツで生殖技術に歯止めをかけるとき、その根拠として、基本法の第一条の「人間の尊厳（Menschenwürde）」の不可侵性というのが引かれます。クローンは「人間の尊厳」に反するからダメだとか。しかし、何が「人間の尊厳」なのかは、相当に無規定のところがある。

ただ、人間の創造そのものに人間が手を加えちゃいけないという意識は、ヨーロッパには相当、強くある。キリスト教に由来する、と言ってよいかどうかわかりませんが。人間の存在そのものは受動的なものだ、存在は与えられるものだという感覚は相当、強い。Es gibt...（〜がある＝それが

〜を与える）にこだわるハイデガーの存在論も、そういうコンテクストから出てくるんでしょう。だから、遺伝子技術の話で言えば、すでに生まれてきた人の部分的操作である（と考えられている）体細胞系列の遺伝子治療は認められるけれども、次世代の生成にかかわる生殖系列の遺伝子治療はダメだ、というのがヨーロッパのスタンダードです。

九八年以降、問題になっているES細胞について言うと、今年の五月にベルリンでドイツ連邦保健省主催の生殖医療に関するシンポジウムがあって、テーマの一つとして、ドイツでこの問題をどうするかが議論されたんですが、否定的な意見が多かった。現在、緑の党が政権に入っていることもあって、規制の方に傾いている。

松原　それは胚から由来しているという理由で？

市野川　ES細胞も、そのつくり方は二通りあるそうで、胚（受精卵）からつくる方法と、中絶胎児の原始生殖細胞からつくる方法がある。ドイツでは法律でクローン生成が禁止されているから、前者もその系列ということでダメだ、認められるとしても、せいぜい後者までだ、という意見が多い。両者の違いは、それ自身から一人の人間が生成しうるかどうかという点で、前者はそうで、後者はそうでない。人間の生成過程に人間自身が介入してはダメだという意識が、ここでも確認できる。

体外受精その他で人間の生成に関与してるじゃないか、とすぐ反論できそうですが、これらの技術が最近、欧米で「生殖補助医療」と命名しなおされているように、それらはあくまで生殖の「補助」で、人間の生成そのものではない、と捉えられているようです。

人間の生命にかかわる技術に限って言えば、これを規制する論理の一つは、人間の存在は「与えられる」ものであって、「つくる」ものじゃないというものです。しかし、じゃあ、誰が、何が「与える」のかということになると、結局は「神様？」ということになりそうだ。そういう価値観がないと、この論理も作動しないんじゃないか。

抵抗する身体？

松原　技術の行使はいいことで、安全性にさえ配慮すれば原理的には何のやましいこともないという主張に対して、「神を演じる不遜な行為」とか「自然からしっぺ返しを食らう」という言い方で非難することがある。これは、「自然への畏怖」の感覚を信じ、野放図な技術の乱用に歯止めをかけようとするもので、一定の政治的効果はあると思うんですね。「人間の尊厳」とか「自然への畏怖」みたいなところでブレーキをかけるしかないんじゃないか、という思いが人びとのなかにはあると思う。

だけど、「人間の尊厳」という前提はある自然観にもとづいていて、その自然観そのものの内実が崩されているのが今の状況だという気がする。つまり、「哺乳類の体細胞クローンは無理かも」と思われていたのが、できるようになってしまった。そういうことを目の当たりにして、さあ、どうするか、ということですね。

私は、「ついていけない身体」というのがあると思うんですよ。たとえば先進国では手軽に大量の糖分を摂取できるようになったけど、人間の体はそれに追いつかなくて糖分を取りすぎて糖尿病になったりする。それは生物進化の産物としての身体がもつしがらみです。長い時間をかけて進化してきた身体が、文化のスピードに追いつけない。それと同じようにテクノロジーに「ついていけない身体」、テクノロジーの発展に対して、身体がいやおうなく歯止めにならざるを得ないという局面があると思う。自分の欲望としては飛び越えたい。でもシリコンで鼻を高くしたら曲っちゃったとか（笑）、数々の限界があるわけ。それには技術的な限界というのもあるけど、やっぱりもともとの身体の限界というのもあるのではないでしょうか。

その限界がどこにあるか見極めるのは難しい。たとえば二〇〇〇年六月のヒトゲノム解読の発表の時に、クリントンがこれで一五〇歳まで寿命を伸ばす夢が実現するとかいったけど（笑）、今、一五〇歳まで生きたいという人がどれだけいるでしょうか。いくらテクノロジーによって身体機能が突出して長く生きられるようになったとしても、人間という存在がある時間空間の中で生きていく上での、生態学的な限界、環境のエコノミーの限界みたいなものがあって、そこが歯止めになるかもしれない。

市野川　人間の身体そのものが、人間の Machbarkeit を拒絶するような限界をもっているということ？

松原　たとえば遺伝子操作で、ある種の代謝産物やレセプターをうんと増やすとか減らすということは比較的やりやすいかもしれない。でも、発生の構造を決める鍵になる遺伝子をいじるとなると、話はややこしくなります。技術的には可能であっても、その遺伝子をいじったら本当に「人間」の範疇に入れられなくなるポイントがある。映画『ガタカ』に片手が六本指のピアニストが一二本指用の楽曲を奏でて、聴衆を魅了する、というシーンがあります。『ガタカ』ではエリートは遺伝子操作で生まれるのが当たり前の社会になっている、という設定なので、このピアニストも遺伝子操作で六本指になったということでしょう。その程度の遺伝的改造は許容しても、どこから許容できなくなるのか、またどこまで人間の身体として改造を持ちこたえることができるのか。バーチャルにはいくらでも可能だとしても、フィジカルにそれについていけるのか。そういう問題を、遺伝子操作の倫理的是非の議論に繰り込んでいかないと、話が宙に浮くのではないでしょうか。

市野川　そういう意味では、宗教的な観念に頼らずに、むしろ唯物論を徹底させるという道がありそうで、私自身も、この可能性を考えてみたい。

現在の遺伝子技術は、冒頭でも触れたように、「幸福遺伝子」とか「攻撃遺伝子」とか、社会の価値観をすべり込ませて進んでいるという側面が多分にある。出生前診断で胎児に何か先天的な問題が見つかって、それで中絶するという場合にしても、それは別に自然のプログラムとして書き込まれているわけではない。それは自然が命令していることではない。今の社会のしくみから言って、育てていくのが、生きていくのが難しかろうという人間の判断、人間の価値観にもとづいて、なされているだけです。

私は冒頭で、健康や病気が社会的に構成された、その意味で恣意的な概念だと言いましたが、唯物論というのは、それらを揺り動かし、書き換える力をもっている。そのことも、きちんと認識しておきたい。

一九世紀末から今世紀初頭の「性科学」がもっていたエネルギーも、そこにあった。人間は、その自然的特性として、これこれの性欲求をもっているんだ。それを、たとえば一夫一婦制や同性愛者の処罰規定によって、縛り上げるのはおかしい。既存の社会制度を所与として、そのなかに性を配分するのではなくて、性の自然性に即して社会制度の方を組換えるべきだ。——それがすべてとは言えないにしても、性科学はそういう道筋を開いた。最近では、フーコーにかぶれた社会構築主義者たちが、性科学は「セクシュアリティの装置」にすぎないんだ、と否定的に語っているけれども、性科学が当時もっていた政治的な力というものをまったく見落としている。

ダーウィンの進化論にしても、力点を「選択」の方に置くか、「変異」の方に置くかで相当、違ってくる。優生学というのは、前者に力点を置いた、いや今も置いているわけですが、その際の「選択」というか「淘汰」の基準は、結局のところ社会の都合です。そうではなく、「変異」を、あるいは「逸脱」を常に生み出し続ける自然の力に従いながら、社会のあり方そのものを組換える、ということがありえないのか。

カントにとって「物（Ding）」というのは、人間の Machbarkeit の限界が露呈する場所のことですよね。そういう意味での「物」に即した思考や論理を真剣に考えてもいいと思う。そして、そこから今ある技術に反省的なまなざしを向ける、ということができないか。

松原　でも、一方で膨大な量の情報を再構成する能力を追求してきたのが、ゲノムサイエンスですよね。ハードとソフトの両面でバイオインフォマティクスが発達して、大量の生体情報にもとづく複雑なシミュレーションが行われるようになっている。そうすると、いま唯物論で徹底するといったけれど、計算能力があがってくると、フィジカルな限界もとりあえずシミュレートできるようになる。遺伝子のどこをいじると大変なことになって、どこをいじるとたいしたことはないのか。現状では遺伝子治療の安全上のリスクそのものが臨床的にクリアされていない状況ですが、現状の安全性の問題と、どういう遺伝子治療が原理的に可能か、不可能かという問題はとりあえず別ですよね。結局唯物論にしたところで、遺伝子操作技術とバイオインフォマティクスによって、限界を極力予測するのは技術的には可能になるでしょう。それが身体の改造に応用されたときに、現実にどんな事態が生じるのかは別にして。

市野川　そうか。唯物論も、限界や歯止めにはつながらないか。

松原　いえ、そう決めつけることもないでしょう。たとえば遺伝性疾患によっては、患者さんがウェブ・ページで匿名ながら体の写真を公開したり、遺伝子研究や遺伝医療の情報を掲載したりしている。「血」とか「病マキ」という閉塞した病気観ではなく、遺伝性疾患を原則としては確率的に誰にでも起こりうるDNAの変化に問題を置き換えて、唯物論的なストーリーに仕立てることで、当事者や家族が開放感を得られるという側面はある。自然科学には、既存の文化のしがらみを切り裂く力がありますから。その力は身体改造への夢に人びとをしばしば誘います。しかし、一方で人間の手前勝手な夢想を、冷徹な現実に引き戻す力も自然科学にはある。結局は自然科学と技術の関係、という古典的な命題に帰ってくるのではないでしょうか。

市野川　なかなか明解な答えが出ませんでしたが、しばらく苦悶し続ける必要がありそうですね。

II　生命と教育

「いのちの教育」に隠されてしまうこと
――「尊厳死」言説をめぐって

大谷いづみ

「死のタブー」を破る?

ここ数年、「いのちの教育」「死の教育」に取り組んでいる人々が口々に触れるのは、「死が病院に隔離されてタブーとなった現代に、死をとりもどすこと」である。(1) わたしが高校「現代社会」の授業で初めて「脳死・安楽死・尊厳死」を取り上げたのは一九八〇年代後半のことだから、このテーマを取り上げてきた者としては、かなり早い部類に入るのだろう。だが、取り上げた当初から現在に至るまで、「タブー」を破った、というように思ったことは一度もない。(2)

そもそも、高校時代にカレン・アン・クインラン事件の報道を目の当たりにし、判決の出た一九七六年の文化祭のイベントで、「安楽死、是か非か」のディベイトを体験しているのだ。翌年にはホームルームで自殺についてクラス討論も行われた。国語の教科書には森鷗外の『高瀬舟』が教材として掲載されていた。だから、「安楽死について書く人が、今まで『タブー』とされていたこの主題について「あえて」「勇気ある発言」をするのだとよく言うが、そんなことは少しもなく、同じ事がいくらでも何度も語られてきた」[3]という立岩の指摘はもっともだと思われ、同様に、自身、ディベイターであったクインラン裁判のディベイトのテーマは確かに「安楽死、是か非か」だったのに、自分が授業でこの裁判を取り上げたときは「尊厳死をめぐって」という表題をつけていて、[4]「そんな言葉をすぐには嘘だと思わないほど、近い過去のことも忘れてしまう」という指摘にも、ひどく合点がゆくのである。

教室で語られる「尊厳ある死」

科学技術の発展が人間の生と死に及ぼす影響については、高校「倫理」や「現代社会」の教科書において、すでに二〇年前から、試験管ベビーや脳死・臓器移植の問題がぽつぽつと記述されはじめていた。「現代社会」や「倫理」の授業で生と死の問題群を体系的に取り上げ得たのは、そんな背景があったからこそだ。しかし、これまでの記述は、あくまで現代の倫理的課題としての位置づけが中心であった。

その後、二度の学習指導要領の改訂を経て、中学では二〇〇二年度から、高校では二〇〇三年度から実施されている現行学習指導要領の中学「公民」や高校「現代社会」の教科書では、憲法学習のなかの新しい人権としてインフォームド・コンセントや自己決定権が記述され、たとえばその一つとして「安楽死」「尊厳死」が挙げられたりもする。そこでは、「尊厳死」が延命治療の差し控え・中止と定義されて「安楽死」と弁別され[5]、死の自己決定が権利として語られようとしているのである。

自己決定の原理もインフォームド・コンセントも、確かに、患者の権利運動としての生命倫理学の発展史を振り返ってみれば、生と死の問題群を考えるに欠かせない概念ではあろう。同様に、「尊厳をもって死ぬ権利」もまた、その主たるテーマの一つであった。だが、生命倫理学においては、少なくとも「尊厳死」の、何が尊厳なのかが検討され、医療社会学的なアプローチにおいては、自己決定の文脈依存性が常に問題化されてきた。しかし、生命倫理学が、自己決定と市場原理にもとづく、きわめてアメリカ的な価値観にもとづいて来た特異な学ではないか、という反省が、当のアメリカ生命倫理学界においてなされている現在の、この現象を、どう考えればよいだろうか。

「死の教育」「いのちの教育」に話をもどすと、状況はもうすこし複雑であり、また単純にもなる。death education から展開しつつある「死の教育」「いのちの教育」では、身近な人やペットを失った悲嘆への共感を学ぶ悲嘆教育がその主たるテーマの一つである。死に逝った人やペットへの手紙を書いて読み合ったり、死に直面した人を招いてお話を聞くという授業がしばしば実践されていて、そのような授業では、時に教室が涙で満たされる[6]。林編〔二〇〇〇、一二五~九頁〕には「ケアの訓練とデス・エデュケーション」と題した一章が設けられており、そこで示されている例では、その主題に Quality of Life（生命の質）という題がつけられているが、そこには、QOL概念が内包する、「生きるに値しない生命」という、「質によって生命を序列化し、死への廃棄へと導く」思想への懸念は感じられない(7)。

「癒し」としての「いのちの教育」

「死の教育」「いのちの教育」では、提唱者から自殺予防が謳われる。「死からの隔離を解いて死を見つめる」のは、それを通して「生命の尊さ」を知り、生き方を考えるためなのだから、当然のことではある。しかし、死の自己決定が新しい人権として語られる一方で、「人間らしい尊厳をもって、自分らしく生き、死ぬ」指標としてQOLが語られるとき、「死を選ぶ権利」と自殺との連続性と自殺予防との間に、どのような折り合いをつけるのだろうか。

この疑問に対する回答の、予想はつく。一つには、提唱者・実践者のフィールドが心理学系の場合、自殺を病的なもの・予防可能なものと捉え、その枠組みで授業展開することにある。いま一つは、現状での「死の教育」「いのちの教育」は、開拓者であるデーケンの影響を色濃く受けていて、基本的に自殺を禁じるカトリック及びキリスト教の枠組みから大きくブレてはいないからである。加うるに、提唱者・実践者が、ターミナル・ケアを射程に入れた死生学(thanatology)を研究と実践の親学問としており、その一つの役割が、宗教や習俗が果たしてきた「天命の受容」という、往生術(ars moriendi)の世俗版(8)だと考えれば、自殺の権利につながる安楽死の権利と弁別して、尊厳死を延命治療の差し控え・中止と定義し、その権利を天命受容のための権利を理解することに、さしたる矛盾はなくなるのだともいえる。

こう考えていくと、「いのちの教育」「死の教育」は、実は癒しブームと連動した「癒し系授業」だと見なせなくもない。子どもたちの生と死をめぐって、現実に起きる「事件」が、へたな小説を凌駕してしまったような現代にあって心身疲れ果てた教師が、感動の涙に至る「癒し系授業」に活路を見いだしたくなるのは、わからないでもない。これに対して、バイオテクノロジーと先端医療の発達がもたらす生と死の問題群の、倫理的・法的・社会的ディレンマに向き合う生命倫理教育は、「悩ませ系授業」だと、わたしは本気で考えてはいる(9)が、一見価値中立にその是非を問いつつ、結果、先端医療技術のつゆ払い役を果たす意味において、両者が補完関係を形成するであろうことは、見逃せない点である。

ここまでで述べたことをまとめておく。

1　「死」について語ることは、教室の場においても、必ずしもタブーではなかったこと。

2　「死ぬ権利」が中等教育における憲法教育、法教育において新しい人権として語られはじめていること。

3　教室の場では、尊厳死・安楽死・自殺の連続性が、意識的・無意識的に分節されて語られていること。

以上、三点を確認した上で、「尊厳ある死」が語られ始めた頃のことを振り返ってみたい。「同じ事がいくらでも何度も語られてきた」ならば、「尊厳ある死」という言説が内包するものはすでにある程度明らかなのであり、しかも三〇年を経て、いまなお、それが語られ続けているのならば、しかもそれが教室の場で、子どもたち・高校生たちを前に語られるのであれば、そのことがもっていいいしまう意味をここで確認しておくことは、あながち無駄ではないと思われるからである。

「尊厳死」の登場

調べた限りにおいて、[10]「尊厳死」という言葉が新聞紙上にはじめて登場したのは、カレン・アン・クインラン裁判のニュージャージー州最高裁判決を報じる朝日新聞である。読売、毎日両紙は人工呼吸器の取り外しによってもたらされる死を一貫して「安楽死」の語で報じている。ただし、毎日新聞には、記事本文中に、前年一一月の第一審（州高裁）裁定のミュアー判事の言葉を引く形で「威厳をもって死ぬ」という言葉が登場している。朝日新聞の縮刷版には前年の提訴から一一月の第一審判決までは、〃植物人間〃訴訟とのサブキィワードが付されているが、本文中に「尊厳死」あるいは「厳かな死」に類する言葉は見受けられない。しかし、一九七六年四月のクインラン裁判最高裁判決に際しては、一連の記事が一貫して「尊厳死裁判」「尊厳死判決」と位置づけられるようになる。その後、五月、一一月、一二月と、生命維持装置の撤去に関して「尊厳死」の語を用いた報道が続き、[11]この傾向は翌年以降も続く。他方で、クインラン裁判をきっかけに一九七六年に成立、一九七七年一月一日に施行された、生命維持装置の拒否・撤去を認めるカリフォルニア州法に関しては、二例を除いて基本的には「「安楽死」法」あるいは「安楽死法」と表現されている。[12]

朝日新聞はいかなる位置づけで「尊厳死」という言葉を用いたのかを、詳しく見てみたい。一九七六年四月一日の朝日新聞夕刊は、一面のトップ記事として「カレンさんの尊厳死裁判　死ぬ権利認める　米州最高裁、世界初の判決」の見出しをかかげ、ニュージャージー州最高裁は、カレン・アン・クインランの「尊厳を持っ《ママ》て死ぬ権利」を認めたことを報じた。記事には以下のような注が付されている。

①　安楽死と尊厳死

従来から「安楽死」と呼ばれてきたものと、こんどアメリカの州最高裁が認めた「尊厳死」とは、本質的な違いがある。「安楽死」は患者本人が病気の苦しみや激痛から一刻も早く解放されたいために「殺して欲しい」と医師や近親者に頼むか、周りの人たちが患者の苦痛を見かねて殺すのだが、カレンさんの場合、本人はすでに意識を完全に失っていて、本人には苦しみも激痛もまったくない。ただ、近親者たちが、回復不能と判断し「やせ衰えて見苦しくなる前に厳かに死なせたい」と希望して死を執行しようというもの。「安楽死」と区別して「尊厳死」と呼ぶのが適当。

同日の社会面では、次のように解説されている。

②　解説

③**表1**　（朝日新聞1976年４月２日より）

	意識	苦痛	死の希望	だれの安楽	問題点	なすべきこと
安楽死	○	○	○	患者	患者の希望の確認 回復不能の判定	苦痛軽減法の開発
尊厳死	×	×	×	家族	回復不能の判定	意識回復法の開発 家族の負担の軽減
辞退死	×	×	△	家族	患者の希望の確認 回復不能の判定	意識回復法の開発 家族の負担の軽減

ふつう、安楽死という場合、がんの末期などで、絶望的な死の床にあり、非常に苦しんでいる場合、患者の希望で麻酔剤などを使って生命を絶つ場合と、脳卒中などで意識を失いながら、人工生命維持装置で生きている〝植物人間〟に対して、患者の家族の希望や意識のはっきりしていたときの患者の要望に従って、装置のスイッチを切る場合とがある。植物人間の場合は、安楽死と区別して「尊厳死」などとも呼ばれている。

翌日の四月二日の朝刊では、木村繁の署名記事「尊厳死の周辺」と題して、カレンのようなケースの「厳かな死」（尊厳死）「医療を辞退しての死」（辞退死）[13]はいわゆる「安楽死」と本質的に違う側面を持つとし、③の表のように問題点がまとめられている（**表1**）。

三つの注と解説に、安楽死と尊厳死を区別しようという明確な意図があることはよくわかる。しかし、ではどこが安楽死と違うのか、ということになるとそれほど明確ではない。

①では、具体的な行為については触れられておらず、安楽死には本人の意思だけでなく、近親者からの要請も含まれているから、安楽死と尊厳死の相違は、本人の苦痛の有無が根拠になっている。②の解説は、安楽死に、麻酔剤などによって苦痛を取り除き生命を絶つ場合と人工生命維持装置を切る場合を想定しているから、行為としては、消極的安楽死、間接的安楽死、消極的安楽死を区別しているのだが、人工生命維持装置を切る場合を〝植物人間〟に限定しているので、植物状態を対象にした消極的安楽死だけを「尊厳死」と呼ぶのか、そうでない消極的安楽死も含むのかは不明確なままである。「「尊厳死」などと」という表現にも、記者自身の迷いが見て取れる。③ではカレンのケースを「尊厳死」と限定しているので、「尊厳死」を「植物状態における生命維持装置の撤去による死」と見なせる。「辞退死」との違いは、本人の意思によるか否かということになるが、「辞退死」は、「一切の医療行為をやめること」であるから、示す内容はさらに広くなるし、あくまで本人の意思が前提である。だが、その本人の意思も、あくまで植物状態になる前のものにすぎず、植物状態になった場合の有効性には、疑問が投げかけられている。木村の整理で注目しておきたいのは、植物状態の本人が苦痛を感じることはないのだから、「安楽」を得るのは、患者本人ではなく家族であることを明言している点にある。

見出しを飾る「尊厳死」

クインラン判決の後、朝日新聞で「尊厳死」の語が使われた記事を挙げる。

④「『生命装置もう外せ』一度は求めた尊厳死　病状、奇跡的な好転」

（朝日新聞一九七六年五月一三日夕刊）

「生命維持器外した米議員　意思貫き尊厳死」

（朝日新聞一九七六年五月二三日）

米国マサーチューセッツ州のトルバート・マクドナルド議員による生命維持装置取り外しの要望とその死を「尊厳死」と報じている。五月二三日の記事には、カレン・クインランのような〝植物人間〟の場合の〝尊厳死〟とは事情が異なり、自らの明確な意思による、文字通りの尊厳死との注が付されている。

⑤「眠れる青春六年半に幕　両親、尊厳死認めず看病」

（朝日新聞一九七六年一〇月一日）

六年半の植物状態のまま、肺炎による容体急変で死亡した女性を報じるに、女性の両親がクインラン事件で〝安楽死〟判決が下ったことにショックを受けたこと、母親は、カレンさんに「尊厳死」がみとめられても、「子どもを尊厳死させたいと思う親なんか、いるはずがない」と言い続けてきたことを紹介している。

⑥「尊厳死　毎年五、六人に処置　豪の病院　肉親には知らせず医師団が判断」
（朝日新聞一九七六年一一月三〇日）

オーストラリアの州立病院で、「脳に回復不能な損傷を受けた患者については、生命維持装置をはずし、毎年五、六人を尊厳死させていること」を報じるもの。決定要件は、「自然呼吸、体温と血圧の維持が患者自身では不可能で、反射作用がないこと」「場合によっては脳波計や心電図による診断結果も参考にすること」である。記事中、植物状態の語も脳死の語もなく、「脳に回復不能な損傷を受けた患者の生命維持装置の撤去」をもって「尊厳死」と表している。

⑦「また〝尊厳死〟認める判決」
（朝日新聞一九七六年一二月五日）

米フロリダ州の二六歳の女性に〝尊厳死〟を認める判決を報じたもの。「生命維持装置によって生命をつないでいるシーリア・ケインさんは、脳神経がすでに死亡しているとの医学専門家の証言に基づき、彼女の生命維持装置をはずすことを認めた」とあり、脳死状態との推測も可能な事例であるが、後の報道では「植物状態」の事例として報道された。

⑧「英大主教が尊厳死を評価」
（朝日新聞一九七六年一二月一五日）

カンタベリ寺院の大主教コガン博士による王立医師協会の演説を紹介したもの。
「不治の患者をただ生命を引き延ばすために法外な手当をするのは誤りで、有限な国民医療体制を頭に置き、他の患者たちへの医療がおろそかにされていないかどうか考えるべきだ」という演説を引用し、「手当が法外かどうかを決めるひとつの基準は医療体制にある」と解説、「慎重ながら尊厳死を評価する考えを明らかにした」と論評している。大主教自身が「尊厳死」に類する言葉を使用したかどうかは不明である。

⑨「尊厳死　軌跡　生き続けるカレンさん」（朝日新聞一九七七年一月二三日）

人工呼吸器撤去後のカレン・アン・クインランのその後を伝えるコラム。なかで、「植物状態になっても人工的な生命維持装置の使用を禁ずる」ことを生存中遺言書に仕立て、正規の登録をするカリフォルニア州法が、一月一日付で発効したことをつたえているが、これを「尊厳死法」と表現している。

⑩「米で二件　生命維持装置外す　脳活動停止の青年　医学検査官が命令」（朝日新聞一九七七年五月四日夕刊）

「脳活動停止」「意識不明に陥ったまま」という見出しでは、脳死状態なのか、植物状態なのかがわからないが、三週間弱前の事故で、脳の活動が停止して臨床的に死の状態にあったこと、死の宣告を行った上で人工呼吸装置が取り外されていることから考えると、脳死状態と推測するのが妥当であろう。

しかし、この記事には、注としてカレン・クインラン事件で「尊厳死」の権利が認められたこと、フロリダ州で前年一二月に植物状態の女性の尊厳死を認める判決が下ったこと、カリフォルニア州で尊厳死を認める法律が発効したことに加え、さらには、生命維持装置を外すことは、すぐに死につながるとは限らず、カレンが装置を取り外したあと一年近く生き続けていることが補足されており、記者に混乱がみられる。

⑪「「ママ、酸素を切って」　米国白血病の少年が安楽死」
（朝日新聞一九七八年一月二七日朝刊）

「苦しみは去ったが……未成年への尊厳死適用　法的には疑問も」
（朝日新聞一九七八年一月二七日夕刊）

本人の意思にもとづいて七歳の白血病の少年が酸素吸入の停止を求めて実行され、死亡したことを報じるもの。担当医の言葉として「酸素吸入は少年の生命維持に必ずしも必要ではなかったが、苦痛を和らげるのに役立っていた」ことが書き添えられている。ここでは、カリフォルニア州法を尊厳死（安楽死）法と表している。注で、少年が自らの意思で〝安楽死〟を望んだ事実と、厳密な意味で法的な尊厳死（安楽死）の状況だったかどうかに対して疑問が付されている。カレン裁判の最中に安楽死と弁別された用法と比して、もっとも混乱した使用法である。

⑫「神父は自然に神に召される　ニューヨーク州最高裁判決　植物状態に尊厳死認める」
（朝日新聞一九七九年一二月八日）

〃植物人間〃となって二ヶ月以上こん睡状態にあるカトリック神父の人工呼吸器を外しても良いという、「尊厳死」を認めるニューヨーク州最高裁の判決を報じたもの。「尊厳死」判決は、カレン・クィンラン判決以来のものであるとも伝えている。

一九七六年から一九八〇年代に入るまでの五年間、朝日新聞紙上に現れた「尊厳死」「安楽死」の記事を一覧するに、「生命維持装置の差し控え・中止による死」を「尊厳死」という新語で統一的に表現することに積極的であったことが見て取れる。少なくとも一九七六年当時、毎日・読売両紙に、「尊厳死」の言葉は登場しない。しかし、⑪の事例で確認できるように、その用法に関してはかなりの混乱がみられ、明確に定義されているようで実はなされてはいない。

朝日新聞社内でいかなる議論を経てこの語を用いるに至ったのかは推測の域をでない。だが、「尊厳死」なる語の出自に、英語圏の死ぬ権利運動のなかで当時使用され始めた「a death with dignity」「a death in dignity」「a dignified death」などといった表現が影響していることは間違いなかろう。適用には、脳死状態と植物状態の未整理があることに加え、適用対象が末期患者なのか植物状態なのか、本人の意思の有無をどうするかなど、使用に混乱が見られることは、当時の状況を考えれば無理もないところではある。とりわけ、使用当初は、植物状態には「本人の苦痛」がないがゆえに「安楽死」の語を避け、「尊厳死」の語を用いた節が見受けられる。[14] しかし、特定の行為を同定するにあたって、「尊厳」という、含意があいまいであるにもかかわらず、ある価値を伴う言葉で表現すること、英語ではバラエティをもって表現されているものを「尊厳死」という統一的な語で表現することが持つ力学を、記者がどの程度自覚していたのかは、糺されて良いのではないか。

それは、記者の過去の行為を糾弾するためではなく、現在、子どもたち、高校生たちを前に「尊厳ある死」を問い語る時、問う者、語る者が自覚的であれ無自覚であれ、教室の場で作用してしまう「力」を考えるために他ならない。

日本安楽死協会

興味深いことに、朝日新聞のこの姿勢を、のちに日本尊厳死協会と改称することになる日本安楽死協会の初代理事長、太田典礼は、激しく非難している[15]。なぜか。

太田が主張したのは、徹底した科学的合理主義にもとづく「死の自己決定権」である。それは、宗教の持つ神秘性や権威から影響を受けたものであってはならず、したがって、「尊厳」という言葉が持つ宗教性は排除されなければならない[16]。それゆえに、太田と、太田に牽引された初期の日本安楽死協会は、「品位ある死」という言葉を使用し続けたのである。では、太田と日本安楽死協会が想定した「品位ある死」とはいかなるものであったのだろうか。

太田がはじめて「安楽死」に関する合法化の提言を行ったのは、一九六三年の『思想の科学』誌上のことである。その後、一九七二年に出版された編著書『安楽死』(クリエイト社)、一九七三年の単著『安楽死のすすめ――死ぬ権利の回復』(三一書房)と、主張する安楽死立法化の要件は微妙に変化し、一九七六年に設立された日本安楽死協会内部での討議を経て、一九七九年の「末期医療の特別措置法草案」となって一応の結実をみる。しかし、この草案は、最終版が発表される前から、松田道雄をはじめとする「安楽死法制化を阻止する会」[17]が結成されてマスコミも巻き込んだ反対運動が起きる。一九八一年には、イギリス及びスコットランドの任意的安楽死協会が作成した自殺の手引き書の処遇を機に、新しい運動方針が発表され、一九八三年には、日本尊厳死協会への会名改称に至るのである。

表2にみるように、自発的積極的安楽死、すなわち致死薬の投与(慈悲殺)の法制化[18]や自殺幇助を運動方針から除くことを明文化するのは、一九八一年の運動方針の転換によるが、太田自身、一九六三年の初めての提案のときから、実は慈悲殺の合法化を主張したことは一度もない。そのことだけをとってみれば、「安楽死法制化を阻止する会」による、「真に逝く人のためを考えて、というよりも、生きのこる周囲のための「安楽死」である場合が多いのではないか。強い立場の人々の満足のために、弱い立場の人たちの生命が奪われているのではないか。生きたい、という人間の意志と願いを、気がねなく全うできる社会体制が不備のまま、「安楽死」を肯定することは、実際上、病人や老人に「死ね」と圧力を加えることにならないか。」という反対論[19]は、いかにも反応過剰に思える。また、本来は「死の自己決定」論者である松田道雄の、太田典礼との複雑な関係[20]と、「安楽死」をめぐる発言の数々に、「迷走」と「転向」[21]が見て取れなくもない。

しかし、太田典礼が、立法化のための条文や草案以外のところで何を述べてきたか、さらには、太田が安楽死運動を始める以前、産児調節運動との接点で何を語っていたかを見ると、彼が何をも

表 2　太田典礼と日本安楽死協会の安楽死法適用要件の推移（筆者作成）

発表年	発表媒体	適用行為	適用条件
1963	「安楽死の新しい解釈とその合法化」『思想の科学』	・苦痛の軽減を目的とする「安楽致死」 ・麻薬・睡眠薬・神経安定剤などの薬剤による生命の短縮の危険も可とする ＊消極的安楽死は併用しない。延命のための処置は充分施す	①不治の病気 苦痛の軽減という目的に当てはまるもの。精神病は「ワクにはまりにくい」 ②死期の切迫 不治の種類と苦痛の程度による ③苦痛の解釈 精神的苦痛も含める ④弁護士の承認 ⑤本人または家族の希望 告知されていない場合もあり，本人の希望だけを絶対条件にできない
1972	「立法化への基準」『安楽死』（クリエイト社）	①苦痛を軽減するための積極的処置 鎮痛剤，鎮静剤，睡眠剤，麻薬に限る ②延命処置を中止・軽減する消極的処置 ＊②を対象に加える	①不治の病 (a) 死期の迫っている不治 (b) 死期の遠い不治 中風，半身不随，脳軟化症，慢性病の寝たきり老人，老衰,，植物人間が該当，これをとするかは大きな問題
1973	『安楽死のすすめ――死ぬ権利の回復』（三一書房） 「任意安楽死法案」	①積極的安楽死 苦痛緩和のための不作為安楽死 ②自殺幇助 強力な鎮痛剤・睡眠薬などを，死を選びたいときに多量に飲むように暗示する ③消極的安楽死 延命処置の中止及び軽減 ④新生児保育の中止 重度奇形新生児と極度の未熟児を対象とする	①本人の意志，希望を原則 ・非任意，強制でないこと ・本人が意識を失っている場合は宣言書の記載を意志とする ・宣言書のない場合は家族の意見に従う ②宣言書 ③法的要件 ・死期の切迫の確実なこと ・死にまさる肉体的苦痛を伴うこと ・本人の希望によること ・医師の手によること
1976.1	「生者の意志」日本安楽死協会設立	①副作用があっても苦痛を軽くする充分な処置を望む ②生命を単にひきのばすための治療は一切中止する	重大な身体的病気または損傷により医学的に不治で ①の場合 ・ガンなどの重症で肉体的苦痛が激しいとき ②の場合 ・回復不能の意識不明 ・6ヶ月以上の意識不明 ・原状回復のできない精神的無能力
1979.3	末期医療の特別阻止法草案	過剰な延命措置を望まない者の意思にもとづきその延命措置を停止する	①不治且つ末期の状態 ・合理的な医学上の判断で不治と認められ，延命措置の施用が単に死期を延長するに過ぎない状態 ②苦痛緩和のための措置は含まない ③15歳以上で意志能力のある者の文書による自署捺印に2名の署名捺印 ④個人の意志決定権は代行できない ただし，意思能力のない者については裁判所の審判をうけることができる
1981.12	新運動方針	①自発的消極的安楽死に重心を置き，その法制化とリビング・ウィルを推進する ②積極的安楽死は原則として認めない ③自殺をすすめたり助けたりしない	
1983.10	会名変更		・人間性の尊厳を守る人権の主張であることを強調 ・積極的安楽死（慈悲殺）を推進する団体であるとの誤解を改称するため

って「品位ある死」と見なしていたか、と同時に、彼が何のために「品位ある死」を提唱していたか、その「安楽死」思想の何たるかが浮き彫りになる。

太田典礼――「安楽死」思想と優生思想と

「立法化への基準」(一九七二)において、太田は、安楽死の適用条件を不治の病としながら、死期の遠い不治に関しては「植物的人間と同格に議論がある」としている。その範囲には、「中風、半身不随、脳軟化症、慢性病のねたきり病人、老衰、広い意味の不具《ママ》、精薄《ママ》、植物的人間」を含めている。が、「こうした患者の治療は意味なき延命といわれるものに該当する場合が多いが、これを対称《ママ》とするかどうかということになると、ナチ刑法の精神病者の人権無視につながり、強い反対をまき起こすのであって、無用な生命とは何か、人権とは何か、という大きな問題になる。ねたきり老人や、強度の脳軟化症を認めると、広く無能力者へエスカレートしてゆく危険性があるからである」と続けて、死期の遠い不治の者を適用範囲とすることの難しさ・危険性を充分自覚している。だが、そのあとで、このような文言が続く。

しかし、老人医療の無料化など老人尊重論の高まりの裏には、すでに老人公害ということがいわれており、無益な老人は社会的に大きな負担であり、トインビーは「知能なき老人は罪悪である」とまでいっている。

本人も家族にいつまでも迷惑をかけることを悩む。老人でなくてもただ社会的負担になる人命をどこまで尊重すべきか、医学の発達のかげに益なき人命は将来必ず問題になるのであろう。強制することはできないにしても本人並みに家族の自覚が望まれるが、ほとんどは自覚能力さえないのだから、いっそうめんどうである。もはや医学の領域をこえた哲学や社会の課題となる

（太田　一九七二、二四一～二頁）

付記されたこの短い文章から、何が読みとれるだろうか。「強制することはできない」が、本人と家族に「望まれる」「自覚」とは何か。「老人でなくてもただ社会的負担になる人命」が、本人、家族ともに、「社会の大きな負担であること」を自覚することなのか、それとも自らの存在が「罪悪」であることを自覚することなのか、それとも「延命の意味なきこと」を自覚することなのか。繰り返すが、太田はこれを「中風、半身不随、脳軟化症、慢性病の寝たきり病人、老衰、広い意味の不具、精薄、植物的人間」に対して述べているのである。

ところで、太田典礼という名を、今は、日本尊厳死協会の前身である日本安楽死協会の設立者として知ることが普通なのだろうか。わたし自身もそれが最初だったと記憶する。しかし、まもなくこの名を「優生保護法」制定運動、産児調節運動のなかに見いだすことになった。一九四七年に加藤シヅエ、福田昌子とともに日本社会党議員として優生保護法案を国会に提出し、一九四八年の超党派による同法成立にも深くかかわった太田典礼は、一九六七年の著書『堕胎禁止と優生保護法』

のなかで「理想案」として以下のように述べている。

……科学、芸術、思想、いずれもエリートの優秀な頭脳からである。……戦争も人海戦術は時代おくれであり、……少なくとも百年後には、人類の半数が質的に入れかわることが望ましい。自己を確立できないような低格者を少なくしたいものである。……

（人間を：筆者補足）国民を大きくA、B、Cの三階級にランクする。……A級は、優秀で男女とも種を残す。B級は、男は断種、女はA級だけでは出生数が減少するので、B級も妊娠させるために、断種しない。C級は、男女ともに断種する。……

人間は人間としての価値がある限りにおいてのみ、尊重される意義があるのであり、自由も絶対無制限であってはならない。社会人であるからには、社会生活における自由の限界がある。社会を無視した個人の勝手な自由は許されない。……

もちろん現在生存している者は、たとえ低格者でも、その生存権を尊重するのであるが、ただ、劣悪な種を残さないようにすべきだというので、この点誤解のないようにおねがいしたい。低格者でも子供が欲しいという気持ちは理解できるが、その子供がまた低格者になる可能性が多いとすれば、そして不良化したり、犯罪者になるおそれがあるのなら、むしろ産まない方が、親にとっても、子にとっても幸福であり、かえって人権尊重になるわけである。

（太田　一九六七、二九八〜三〇三頁）

太田が一九六三年に提唱した安楽死合法化の適用行為は、「麻薬・睡眠薬など、苦痛緩和のための薬剤の投与の結果、生命短縮がもたらされるもの」のみであり、延命のための処置は充分施すとあり、かなり穏健なものである。そこには、末期患者の苦痛を前にした、医師の苦悩が感じられないでもない。苦痛緩和の結果の生命短縮は、のちに「間接的安楽死」と分類されるようになるが、疼痛治療の発達した現在では、ある意味では「解決済み」の問題ともいえる。それはすでに、一九八一年の日本安楽死協会の活動方針の転換にもあらわれている。

しかし、一九六三年の提案から一九七二年の「立法化の基準」で延命治療の差し控え・中止を適用範囲に加えるに至った変化と、それに付記された「老人」及び「ただ社会的負担となる人命」に対する、無情ともいえる文言との間の一〇年に、産児調節運動に関連した上記の発言をはさんで、何があったのだろうか。

一九七〇年代——「安楽死」思想の変化をとりまく状況

一九五三年、太田は、制限が厳しく保険単価の安い当時の健康保険ではろくな治療はできないと、健康保険の危機を訴えている（太田　一九五三）。その後、一九六一年の国民皆保険実現、一九六八年の国保七割給付完全実施に続き、一九七三年には医療保険制度と公費負担制度の組み合わせで、老人医療の無料化が実現した。ねたきり老人は六五歳以上、そうでなくとも七〇歳以上になると、終身この制度が適用になって、医療の不安は一応はなくなった（佐口　一九九五、一一四頁）のであ

表3　医療技術／保険制度／安楽死運動／報道（筆者作成）

	日本の医療技術	医療保険制度	太田典礼安楽死運動	注目すべきトピック	大宅壮一文庫雑誌記事目録のトピック
—1950年代	抗生物質普及 結核根絶	1958 国民健康保険法改正	1940年代— 優生保護法制定と産児調節運動 1953 「健康保険の危機」『中央公論』		
1960年代—	1960ころ ポリオワクチン普及 1968 和田心臓移植	1961 国民皆保険実現 1968 国保7割給付の完全実施	1963 「安楽死の新しい解釈と合法化」『思想の科学』 1968 葬式を改革する会	1962 山内事件名古屋高裁安楽死6要件 1968 ハーバード脳死基準制定	1960 「人口爆発」初出
1970年代—	1970年代前半 人工栄養剤，高カロリー点滴普及 1977 施認死が在宅死を上回る	1973 老人医療無料化，高額療養費創設	1972 『安楽死』クリエイト社 1973 『安楽死のすすめ』三一書房 1974 「安楽死」『現代のエスプリ』 1975 日本安楽死懇話会設立 1976 日本安楽死協会設立，消極的安楽死の法制化運動	1970 青い芝の会，障害児の「安楽死」事件に反論 1972 『恍惚の人』ベストセラーに 1975-6 カレン裁判 1976 第一回安楽死国際会議（東京）	1970年代を通じて「人口爆発」 1970 ウ・タント国連事務総長の安楽死発言 1972 安楽死の是非が話題に太田典礼・渡辺淳一など 障害者からの発言も 1972 「ポックリさん」初出 1973 「植物人間」初出 老人問題，現代姥捨山として論争に 1975 「医療を辞退する老人の会」

る。

一方、一九七二年、有吉佐和子の『恍惚の人』がベストセラーになり、翌年には森繁久弥の主演で映画化される。『恍惚の人』は、のちの老人福祉行政の進展に大きな影響を与えたが、同時に、老人性痴呆の厳しい現実を世に知らしめることにもなった。その後、新聞、雑誌双方を「ポックリ寺」にあつまる老人の記事がしばしば飾ることになる。[22] 他方では、一九六〇年代から人口爆発がしばしば話題になり、一九七一年五月には、「中央公論」で「人口爆弾を抱えた地球」の特集が組まれている。一九七〇年に日本人口が一億人を超えたこと、一九七二年に東京でアジア人口会議が東京で開催されたことも、この傾向に拍車をかけたであろう。そして、一九七三年には、人口過密問題、食料問題、安楽死、老人問題を結びつけた衝撃的なアメリカ製SF映画、『ソイレント・グリーン』[23]が上映されている。

「医療辞退連盟」の発足、「日本安楽死協会」の設立は、このような状況の中で行われた。カレン・アン・クインラン裁判は、このような状況の中で日本中に喧伝され、「厳かな死」「品位ある死」「尊厳死」は、このような背景のもとで語られることになったのである。それは、太田典礼に関していえば、「延命治療で金儲けする医師」と「社会的に負担となる無益な老人」というステレオタイプな像を、「安楽死」による「厳かな死」の提案と結びつけて繰り返し語ることを意味した。[24]

一九八三年、日本安楽死協会は日本「尊厳死」協会への改称を発表する。太田があれほど嫌った「尊厳死」という言葉を冠にした協会名の改称である。しかし、穏健な法案の提案や、運動方針の転換と同様、太田がこれを啓蒙運動のための方便ととらえていたことに、間違いはなさそうである。彼の言葉をいくつか拾ってみよう。

太田「(法律規定の)必要があり、法制化できる可能性があると思うから、一歩も二歩もしりぞいてもいいということで、妥協している」「日本では、かつて、ドサクサであったかしらないけど、世界にさきがけて優生保護法をつくり、中絶を自由にした。堕胎の自由をかちとった以上、安楽死はこれと一連のものがありますからね。」

渡辺「何歩も後退してもいいから法的に認めさせるといいますが、それによるメリットって何ですか。」

太田「それによって啓蒙の役も果しますよ。」

（太田・渡辺　一九七二、四〇頁）

患者の方も脳軟化でいつまでもたれ流しで生きていることは、生の尊厳を傷つけるものとして拒否しようとする傾向にある。ことに立派な業績を残した人々の間に高まりつつある。

（太田　一九七五）

よき死、グッド・デスの確保、苦しまない平和な死。植物人間化して、見苦しい生きざまをさらしたくない。つまり品位ある死を望む、ということ。消極的と積極的安楽死との見方、その境は微妙なもんですよ。

（太田　一九七七ａ）

これ（青少年の主観的な理由による自殺：筆者注）に対して不治末期の病人や、生きがいを失っての自殺希望は客観的にも無理ないと受けとれます。前者は生か死の選択によるものですが、後者とくに末期患者は生か死ではなく、死ぬにきまっているが、死の日を早くするかどうかの選択によるもので、合理的自殺と表現され、前者を非合理的自殺として区別されます。

青年の自殺など自分だけの考えからの非合理的自殺はできるだけ防ぐように社会も力をかさねばならないが、合理的自殺は容認されてよいと思います。しかし、これを手助けするのは別です。自殺幇助罪の改正が必要であり、進んだ判例が一日も早く出ることを期待するわけです。

(協会名改称にあたって)消極的安楽死の思想を普及させるためには、「どちらの表現が正しいか誤りか」ではなく、その時その時の内外の情勢を考えて運動に有利な表現を採用すればよいわけであります。今回の改称はあくまで今日の情勢への対応に過ぎません。

(太田　一九八二、二〇四頁)

(太田　一九八四、一〇頁)

穏健な安楽死法制化運動の戦略的な展開、消極的安楽死と積極的安楽死と自殺の連続性の自覚、青少年の主観的な自殺を否定し、末期不治患者や老人の合理的自殺を肯定するコントラスト、立派な人々が望む「よき死」「厳かな死」と無益な人々がさらす「見苦しい生きざま」——太田のことばの中に散在する要素を、このように確認できよう。

価値なき生命の廃棄?——「尊厳ある死」の言説が内包するもの

ここまでで見てきたことは何か。

少なくとも、太田典礼のなかで、産児調節運動(が実現した優生保護法)と安楽死啓蒙運動(がめざした安楽死合法化)はセットであった。合法化を目指して提案された安楽死法案はいずれも穏健なものではあったが、その背後には、「社会に負担となる生命」への危機感が充ち満ちていた。だからこそ、か。一九七〇年、横浜で起きた母親による重度障害児殺害事件に際して減刑嘆願運動が起きたことに対し、脳性マヒの障害者団体「青い芝の会」が「障害者は殺されて当然なのか」「親をそこまで追いつめたのは地域社会ではないのか」とつきつけた問い[25]と同様の問いを、太田の安楽死運動に対して行ったことに、太田は「現在生存している者は、たとえ低格者でも、その生存権を尊重する」という前述「理想案」の立場を繰り返すのみ[26]であり、重度障害者からの「存在の金切り声」(北田　二〇〇一)ともいうべき抗議も、阻止する会の憂慮も、これを真摯に受け止めることはなかった。

確認しておくが、太田典礼の思想が、現在の日本尊厳死協会にそのまま受け継がれているのでない。一九七〇年代、日本安楽死協会の動きはマスコミに大きく取り上げられはしたが、それに比して会員のめだった増加はなかった。会員数が急激な増加を見せるのは、一九八〇年代後半のことである(日本尊厳死協会編　一九九〇、二五四頁)。となれば、協会設立当初の、刑法学者や医師など、いわば社会のエリート層から成る協会と現在とでは、会のありようも当然異なって来ざるをえない。また、会員数の増加には、女性会員の男性会員に倍する増加が貢献していることも見逃せない。高齢者や末期患者、重度障害者の介護を家庭においても病院・施設においても主に荷っているのは女性だからである。直に介護にたずさわって来たがゆえの「尊厳ある死」への共鳴は、「社会に負担となるものへの危機感」といった、いわば社会を睥睨したまなざしから要請される「死の尊厳」とは、質の異なる動機を持つはずである。

しかし、介護に日々携わるがゆえに、自らの「尊厳ある死」を切望するにいたるのだとしたら、そうであるからこそ、人は何に「品位と尊厳」を見いだすのか、逆にいえば、人は自らの何を「醜いもの」として排除するのか、その排除のなかで、自らの何を「価値なきもの」として廃棄しようとするのかを、あらためて考えてみてよいはずだし、その私的な「価値なきものの廃棄」が、太田典礼によって「生存権は尊重するが、劣悪な種は残すべきではない低格者」と名付けられ、「社会的に負担となる」と同定された「中風、半身不随、脳軟化症、慢性病の寝たきり病人、老衰、広い意味の不具、精薄、植物的人間」に対して、どのような意味をもってしまうかを、考えるべきだとも思うのである。

再び、教室で語られる「尊厳ある死」について

中学や高校で「死」を取り上げる際に、過度な延命治療のなかで、今や人間はさまざまなチューブにつながれてスパゲティ症候群とさえ呼ばれ、死ぬに死ねない状態にあることが示され、その後で「安楽死」や「尊厳死」の是非を問うディベイトが行われることがしばしばある。あるいは、「過度な延命治療を差し控えた尊厳死」が、エリザベス・キュブラー＝ロスの「死の受容の五段階」とともに紹介される。

ディベイトは価値の勝敗を競うのではなく、説得術を競うものだから、「安楽死や尊厳死」の是非そのものについてはオープンエンドであって、答えは生徒に委ねると、実践者は言うが、上記の

文脈をじっくりとたどれば、「ただ生物として生きている生命に意味はなく、過度な延命治療を自ら差し控えて尊厳ある死を受容することが、現代の正しい死である」と導く、意識的・無意識的な誘導が見え隠れしている。この意識的・無意識的な「誘導」の背後には、高齢社会における医療保険や介護コストといった経済問題が存在していることはいうまでもない。

わたしが「生と死の問題群」を教育の場で扱うこと、つまり、自分の行って来た授業にある懸念をもつようになった直接のきっかけは、生と死の授業のまとめとして「尊厳死の考え方が広まるにつれて、老人や重度障害者が生きていることを引け目に感じるようになるのではないか」という主旨の新聞記事を材料に小論文を書いてもらった答案に、「生命の質が低くなった老人や重度障害者が、社会の負担をへらすために自ら死を選ぶべきだと考えるように援助することこそが、進化した社会である」と論じたものを発見したことにある。一高校生の、稚拙・粗雑なこの主張の中に、しかし、太田典礼の本意と通底するものはないだろうか。

「いのちの教育」は、それだけが独立して作用するわけではない。だから、授業者や世間が期待するほど、生徒に影響力をもつわけではないことを、安心してもいる。しかし、一方では、「安楽死」や「尊厳死」が自己決定権にもとづく権利として教科書に叙述されて語られ、「自分らしい死」が「いのちの輝き」とともに語られる。他方では、少子高齢社会への懸念がつぼ型に移行しつつある人口ピラミッドとともに語られる。生老病死を語るその枠組みは、太田が著書で安楽死を提案した枠組みと重なってはいないだろうか。

もう一度繰り返す。太田典礼の中で、優生思想と安楽死思想はセットであった。同じことは、一九三〇年代に展開した優生運動と安楽死運動に見いだせないだろうか。同じことが、一九七〇年代に登場した「尊厳死」言説と、今、しきりに語られはじめた新優生学に見いだせないだろうか。——そしてそのいずれも、「いのちの教育」「死の教育」「生命倫理教育」の名のもとに、今、教室の場で、子どもたちに、高校生たちに語られようとしている。

語ろうとする者の責任、その問い方は、糺されてよいはずである。語った者の責任、その問い方は、糺されるべきである。自らを振り返りつつ、そう思う。語ってきた者の責任として、その作業をはじめた。

注

（1）島薗［二〇〇三］を参照のこと。「死の教育」「いのちの教育」については、これを啓蒙的に普及させようという提唱者・実践者の報告はあっても、それ自体を冷静に対象化して考察したものはこれまであまり存在しなかった。その意味で、二一世紀COE「生命の文化・価値をめぐる死生学の構築」の拠点リーダーである島薗の分析は、一考に値する。ここでいう「死生学」が、死に焦点化したthanatologyではなく、生命倫理学の領域をも射程に入れ、さらには、生命倫理学がその発展史において排除した医療社会学（Fox 1990＝2000）をはじめ、文字通り諸学を統合したdeath and life studiesを目指していることにも期待したい。

（2）理由の一つに、まず最初に代理母契約を扱ったベビーM裁判の一審判決をもとに生殖技術と親子の絆を取り上げたのち、生命誕生の医療問題に対置するものとして、脳死・安楽死・尊厳死の問題に取り組んだという経緯によるかもしれない。「生殖技術と親子の絆」「脳死・安楽死・尊厳死」に続く生と死の問題群のテーマ学習の最後のまとめは、「出生前診断と選択的中絶」であり、この構成の原型は現在も基本的に変わっていない。したがって、わたし自身は自らの実践を、生命倫理学の文脈のなかに位置づけており、「死の教育」「いのちの教育」とみなしたことは一度もない。同時に、バイオテクノロジーと先端医療の発達がもたらす生と死の問題群を、技術の是非で単純に問う形の生命倫理教育とは、一線を画している。「いのち」や「生と死」を扱う教育を、とりあえずは「生と死の教育」と呼ぶことにするが、これについては、組み換えが必要だと考えていて、その試みの一端は、今年公刊予定の川本編［二〇〇五］に書いた。また、［二〇〇二］では、「生と死の教育」についての整理と、アメリカにおける安楽死・尊厳死の現在を踏まえて高校公民科における「死の教育」の課題をまとめた。

（3） 立岩（二〇〇二、一五一頁）

（4） しかし、当初から、死の尊厳の前提としての生の尊厳の指摘とともに、「何が尊厳なのか」という問いを携えて授業化する程度の見識はあったと思う。最後まで苦しみにのたうち回りながらみっともなく生き抜くことの中に、「人間としての尊厳」を見る立場もありうるからであり、それゆえ、日本尊厳死協会のリビング・ウィルのように、一定の死に方の指示書を「尊厳死宣言」とすることの誤謬は、指摘されるべきである。

（5） 「尊厳死」というタームが「安楽死」と弁別されて使用されているのは、日本に特異な現象である。少なくとも欧米では、尊厳死（death with dignity）は、安楽死（euthanasia）と同義に理解されており、独自な概念と捉えられてはいない。本稿は、いかなる経緯で「尊厳死」なるタームが日本で独自の地位を持つことになったのかを辿る試みの第一歩でもある。

（6） 島薗は、従来の「死の教育」「いのちの教育」が持つ、一定の価値志向性に対して、とまどう子どもの存在を懸念している（島薗　二〇〇三、二一頁）。感動の渦に満たされた教室で、子ども自身が、ましてや授業者が、取り残されたその感情を「間違ったもの」と評価する危険性も指摘しておきたい。

（7） 事例の前後には、高齢者施設へのボランティア学習の事例や障害者との交流学習のすすめが記述されているので、あるいは筆者なりのバランスをとっているのかも知れないのだが、それはむしろ「ケアの訓練」としての実践であって、QOL概念のディレンマ性を考えぬいた上でのものとは考えにくい。

同書では、もう一つ生命についての授業が簡単に紹介されていて、筆者は本文中では「尊厳死」を扱ったと記し、しかしVTR教材を視聴した生徒たちの感想を掲載した学級通信では、生徒の記述は「安楽死」で統一されており、しかもその感想の中で、生徒は「安楽死」を「苦しくて耐えられなくなった人が、苦しまずに楽に死んでいくこと」だと捉えている。掲載された感想には、記述の深化に軽重が見られ迷いもあるのだが、そのいずれもが、「苦しみながら長々と命をのばすことだけを考えるというのも、何か変」「生きていてもただ苦しいだけというときには、安楽死を選ぶこともしょうがないのだろうか」「死ぬときぐらいは楽をして死にたい」という結論に落ち着く。これらの感想に、教師はただ、「本当にむずかしい問題です。答はみんな自身がみつけてください」とコメントするのみである。同書はあくまでケアリングを主体とした道徳教育についての実践書であって、「死の教育」「いのちの教育」を専門としているわけではないから、無いものねだりをしているのかもしれない。だが、「死の教育」「いのちの教育」が、慎重に考え抜かれた上ではなく、しかし時代の要請と「ブーム」に乗って大衆化し実践されるときに何がおきるかという一つの実例とみることはできよう。

(8) 小・中・高を通じて「いのちの教育」でしばしば使用される教材に『葉っぱのフレディ』(一九八三＝一九九八)が使用されることに、それは端的に現れている。

(9) これもまた、「学びからの逃走」に苦しんだあげく、SF的でショッキングな題材で生徒を引きつけ、ディベイトで知的興奮を生徒と共有しているのだと見なすこともできる。自身の体験からいっても、それを否めない。

(10) CD-ROM版「朝日新聞戦後記事データベース」(一九四五～一九九九)を用いて「尊厳死」「尊厳＋死」「安楽死」「植物状態＋植物人間」「医療辞退」「死ぬ権利」「無駄＋延命」「スパゲッティ症候群」「安らかな死」「恍

惚の人」「ぽっくり＋ポックリ」「ホスピス」などのキーワードで検索を行った。また、『大宅壮一文庫雑誌記事索引総目録』（明治〜一九八七）で、「死の研究」「安楽死」「植物人間」「ホスピス」「ぽっくり寺」「医療辞退」「健康保険」に分類された雑誌記事をピックアップした。

（11）一連の報道は、毎日・読売両紙では報じられていない。

（12）「尊厳死法」（「尊厳死　軌跡　生き続けるカレンさん」一九七七年一月二三日朝刊）、「尊厳死（安楽死）法」（「苦しみは去ったが……未成年への尊厳死適用　法的には疑問も」一九七八年一月二七日夕刊）と表現された場合もある。なお、カリフォルニア州法の正式名称は「Natural Death Act」で、のちには「自然死法」と直訳されるようになった。州法本文中に「患者の尊厳（patient dignity）」「患者が期待するであろう尊厳とプライヴァシー（the dignity and privacy which patients have a right to expect）との表現が二カ所あるが「尊厳死」に類する言葉はない。日本安楽死協会編［一九七九］は、本人の意思により生命維持装置の差し控え・中止を認めたアメリカ八州の法律を「安楽死法」と包括している。

（13）カレン事件の直前、順天堂大学前客員教授（当時）の守屋博を中心に、「医療辞退連盟」が結成された（一九七五年八月一日呼びかけ、一二月一日正式発足）。七〇歳以上を会員資格に、植物人間になってまでの延命治療を拒否するもので、安楽死運動の一つと受け取られたが、守屋はこれを否定している（守屋　一九七六、三〇六〜七頁）。

（14）ジャーナリストの横田整三は安楽死論集のなかでこの点を批判している（横田　一九七六、一九頁）。

（15）ここでいう「大新聞」が、朝日新聞を指していることは調査からもあきらかだが、のちに太田自身が明確にしている（太田　一九八二、三七頁）。

（16）太田は［一九七三］で生命の尊厳論を以下のように批判している。

「生命の尊厳が、倫理の基本として重くのしかかっているのは時代錯誤である。近代思想にあっては教育、政治、法律はもとより、倫理にも宗教を介入させてはならないのである。ましてや医の倫理に神をもちこむのは科学の自殺である。

生命の尊重と尊厳とはっきり区別し、あくまでも、科学的に解説されねばならない。この混同が安楽死をも含めて生と死に関するいっさいの思考の対立と混乱のもとになっているのである。しかも安楽死反対論者の生命尊重論はほとんどが神秘的な尊厳論であって、科学的な生命尊重論とは異質なのである。宗教と科学は常に平行線をたどって議論にならない」(太田　一九七三、一六七頁)

太田の宗教嫌いは徹底しており、太田が日本安楽死協会に先立って一九六五年に設立した葬式を改革する会の編になる『葬式無用論』(一九六八)では、以下のように述べて無宗教を宣言している。

「私は、青年時代にキリスト教の洗礼をうけ何年も信仰生活をつづけたが、神の存在、霊魂の問題に対して疑念を抱き、数年間の苦悩の末、ついに神から自己をとりもどした。……なるほど宗教は阿片であると悟り、一さいの宗教を否定し、それからずっと無宗教者として生きてきた。あらゆる宗教は、何らかのマジナイを伴っており、医者としても、マジナイ宗教はごめんだ。」(太田　一九六八、九三頁)

(17) メンバーは武谷三男、那須宗一、野間宏、松田道雄、水上勉。両者の論争は、反対側から事務局を担当していた清水昭美による記録(清水　一九七九)が、安楽死協会側から、論集(日本安楽死協会　一九七九)が残されている。

(18) 「安楽死」の定義自体あいまいで議論を要するが、甲斐克則は議論のための土俵として①死期の切迫性、②激しい肉体的苦痛の存在、③病者の真摯な要求の三要件が必要であり、単なる同情で死なせる「慈悲殺」と明確に分離している(甲斐　二〇〇二、一一一頁)。したがって、「積極的安楽死・致死楽の投与」を「(慈悲殺)」とする表記には問題があるが、ここでは太田が当時記述した表現を使用した。

(19) 一九七八年一一月に出された、安楽死法制化を阻止する会の「声明」の一節。

(20) 太田［一九七二］に、松田道雄は「ガンが全身をおかし、生が疼痛しか意味しないときになっても『生命の尊重』ということで生かされる。この非業の死からのがれる唯一の道は安楽死の権利を基本的人権として回復することである」と推せんの言葉を寄せている。

(21) たとえば、太田［一九七二］に寄せた推せんの言葉から、一九七八年の安楽死法制化阻止運動、『安楽死』（一九八三）、『安楽に死にたい』（一九九七）に至る変化と多様な要素を、一読しただけで受け止めきることはできない。安楽死をめぐる松田の思索については稿を改めねばなるまい。

(22) たとえば朝日新聞では、一九七二年一一月から一九七八年三月までに、一〇度、ぽっくり寺参りが記事になった。大宅壮一文庫雑誌総目録によれば、一九七二年九月号の「婦人公論」を初出に、「週刊新潮」の一九七八年一〇月一二日号まで、一一誌一四度、ポックリ寺参りのルポルタージュが掲載されている。

(23) 監督：リチャード・フライシャー、チャールトン・ヘストン主演。九七分。長い間見ることができなかったが、二〇〇三年八月、DVD発売された。

(24) 太田が、「安楽死の権利」を主張するに際して必ず附記するのは、「老人や不治の患者への無駄な延命治療で金儲けする医師」への激しい非難である。また、彼の一九七〇年代の安楽死啓蒙書には人口問題の項が設けられており、「人口の老化」と人口爆発について記述した後を「だからといって、安楽死をというわけではないが、見込みなき延命は問題になってきた」と結んでいる（太田　一九七三、一二七頁）。バース・コントロール運動がマルサスの人口論に端を発しているのは言うまでもないが、太田にとっては、産児調節運動、優生運動だけでなく、安楽死運動もこの文脈にあったと考えられる。

（25）横塚［一九七五］を参照のこと。わたしはこの事件のことを全く知らず、生と死の問題群を授業化する前年に、当時の生徒で、現在は東京都で社会福祉士として働いている永川亮君から「先生は、障害者のこういう訴えをどう思うか」という問いとともに教えられた。当時のわたしは、その問いに答えるすべを全く持たなかったが、その時のとまどいが、その後の授業を作っていく上での原動力になっていることに間違いはない。

（26）「青い芝の会」などからの抗議で、太田の講演会が何度か混乱、中止に至っている。太田側からの叙述が太田の文献の随所に見られる（たとえば、太田［一九七三］［一九七九］［一九八二］など）が、その経緯と論理は、のちのシンガー事件（一九八九）を彷彿とさせるものである。

参考文献

Buscaglia, Leo F, 1983: *The Fall of Freddie the Leaf: A Story of Life for All Ages*, Holt Rinehart Winston（＝一九八八、みらいなな訳『葉っぱのフレディ――いのちの旅』童話社）

Fox, Renee C., 1990:The Evolution of American Bioethics: A Sociological Perspective, Weisz, George ed., *Social Science Perspectives on Medical Ethics*, University of Pennsylvania Press, Philadelphia, 201-217.（＝二〇〇〇、田中智彦訳「アメリカにおけるバイオエシックスの『進化』――社会学の視座から 上」『みすず』四七二、二～一〇頁、「同 下」『みすず』四七三、五八～七四頁）

林泰成編 二〇〇〇『ケアする心を育む道徳教育――伝統的な倫理学を超えて』北大路書房

市野川容孝編 二〇〇二『生命倫理とは何か』岩波書店

稲田務・太田典礼編 一九六八『葬式無用論』葬式を改革する会

甲斐克則 二〇〇二「安楽死・尊厳死」市野川編［二〇〇二］、一一～七頁

川本隆史編　二〇〇五『ケアの社会倫理学（仮）』有斐閣
北田暁大　二〇〇一「〈構築されざるもの〉の権利をめぐって――歴史的構築主義と実在論」上野編［二〇〇一］、二二五～七三頁
松田道雄　一九八三『安楽死』岩波書店
――　一九九七『安楽に死にたい』岩波書店
守屋博　一九七六「『死ぬ権利』ということ――佐藤前首相やフランコ総統の死を見て考えたこと」『文藝春秋』一月号、三〇二～七頁
日本安楽死協会編　一九七六『安楽死論集　第一集』人間の科学社
――編　一九七七『安楽死とは何か――安楽死国際会議の記録』三一書房
――編　一九七九a『アメリカ八州の安楽死法（原文・全訳）』人間の科学社
――編　一九七九b『安楽死論集　第三集』人間の科学社
日本尊厳死協会編　一九八四『安楽死論集　第八集』人間の科学社
――編　一九九〇『尊厳死――充実した生を生きるために』講談社
太田典礼　一九五三「健康保険の危機」『中央公論』六八(一四)、一九八～二〇四頁
――　一九六三「安楽死の新しい解釈とその合法化」『思想の科学』一七号、七二～八〇頁
――　一九六七『堕胎禁止と優生保護法』経営者科学協会
――　一九六八「葬式無用と改革」稲田・太田編、八八～一二四頁
――　一九七二「立法化への基準」太田編、二三二～五一頁
――　一九七三『安楽死のすすめ――死ぬ権利の回復』三一書房

――　一九七五「理解進む『安楽死』感情論を排し、冷静な見方を（論壇）」（朝日新聞六月二九日）
――　一九七七a「望みうるか『品位ある死』（インタビュー）」（朝日新聞八月二六日夕刊）
――　一九七七b「安楽死国際会議の解説」日本安楽死協会編［一九七七］、一二五～五三頁
――　一九七九「安楽死法制化反対論批判」日本安楽死協会編［一九七九b］、二五二～七〇頁
――　一九八二『死はタブーか』人間の科学社
――　一九八四「第八集に寄せて」日本尊厳死協会編［一九八〇］、五～一六頁
――編著　一九七二『安楽死』クリエイト社
太田典礼・渡辺淳一　一九七二「安楽死はどこまで許されるか」『暮しと健康』二七（九）、三六～四一頁
大谷いづみ　二〇〇二「アメリカ合衆国における『安楽死・尊厳死』の現在と『死を学ぶ教育』の課題」『公民教育研究』一〇、一～一七頁
――　二〇〇五予「生と死の語り方――『生と死の教育』を組み替えるために」川本編［二〇〇五］
佐口卓　一九九五『国民健康保険――形成と展開』光生館
島薗進　二〇〇三「死生学試論（一）」『死生学研究』春号、一二～三五頁
清水昭美　一九七九『増補　生体実験――安楽死法制化の危険』三一書房
立岩真也　二〇〇二「生存の争い――医療の現代史のために（一）」『現代思想』第三〇巻第二号、一五〇～七〇頁
上野千鶴子編　二〇〇一『構築主義とは何か』勁草書房
横田整三　一九七六「死の交通整理」日本安楽死協会編［一九七六］、一七～二七頁
横塚晃一　一九七五『母よ！　殺すな』すずさわ書店

「問い」を育む――「生と死」の授業から

大谷いづみ
（聞き手　松原洋子・小泉義之）

生命倫理教育の導入

――生命倫理の教育を日本の高校では初めて実践し、その実践について他の方が書いた研究論文もすでにあるそうですが。

最初期の実践者ではあると思いますが、生命倫理問題を高校「倫理」や「現代社会」の授業でとりあげていた人は他にもいて、倫理教師の全国研究会組織を通じて一九九〇年くらいから人的交流もあり、彼らとの協働で高校や看護学校、大学一般教養向けのサブテキスト『テーマ三〇　生命倫理』（教育出版）を一九九九年に出版しています。二〇〇〇年には、ユネスコに移られたダリル・メイサー先生のお名前をお借りして、『生命《いのち》の教育』（清水書院）という教師向けの指導事例集も公刊しました。一九九六年にメイサー先生と協力して学校における生命倫理教育ネットワークを結成したときには、すでに一〇年近い実践を積み重ねていた人が私を含めて何人もいます。ですから、やっとここまで来たというのが、当時の仲間たちと実感していることです。とはいえ、生殖技術から脳死・安楽死・尊厳死、そして選択的中絶までの問題を体系的に実践したという意味では、確かに日本で初めての実践者ではあると思います。

――学校教育に新規の体系を導入するのは大変だと思うのですが、そのきっかけは何だったんですか。

教育といのちをめぐる美しい物語に回収されそうな要素はそれこそ数限りなくありますが、直接のきっかけになったのは、朝日新聞で一九八七年に報じられたベビーM事件の一審判決を目前にした特集記事（一九八七年二月二六日）でした。ベビーM裁判は、商業的代理出産契約の是非が争われて分水嶺となった、生命倫理学のテキストには必ず出てくるすでに古典的な事例ですが、朝日新聞のこの記事は、今読み返してみても非常によくできていて、性と生殖を切断して商業化することを愛情と善意だけでは理解も了解もできないということ、かといって「そこまでして子どもをつくるなんて不自然」という、ありがちな批判では到底あたらないということも容易に見て取れた。とにかく、疑問が無限にひろがって、憑かれたように当時入手できる限りの邦語文献を読みあさり、担当していた高校二年の「現代社会」の授業に乗せたのがその年の秋のことです。思想史にせよ現代的なトピックにせよ、手際よく整理し話術で引き込んでも、結局は「で、何を覚えればいいの？」という反応に終始する授業をなんとかしたいという状況もベースにありました。最後の勤務校では「生命倫理」という学校設定科目をつくっていましたが、それ以前は、すべて必修の「倫理」や「現代社会」での実践です。高校はある程度弾力的な授業構成が可能なので、目配りを怠らなければ、工夫の余地は充分あります。

——当初の学校や生徒の反応はどうでした？

やってみて嬉しい誤算がありました。私は当時二〇代後半でしたから、当然、自分自身が生殖技術を使う側の目線に立っていたんですね。でも、生徒たちは生殖技術の結果生まれてくる子どもの立場になって考えてた。さらに、人工生殖技術をつかって子どもをもとうとする男女の語りを通して、自分たち自身の親子関係を振り返っていました。「困っている人がいれば、僕は自分にできることをしようと思う。だから精子を提供した」という精子提供者の言葉に、「自分の子どもを生み出すことにつながる行為を、献血と同じように考えているのか」という反応をしたのは、再婚した母親のパートナーと養子縁組するために実の父との法的関係を絶ったばかりの生徒でした。AID（非配偶者間人工授精）で得た血のつながりのない子どもについて「愛情を持って接することによって、やがて自分に似てくるようになった」と語る不妊男性の言葉に、ここ何年もろくに口をきいたことのない自分の父親との関係を振り返った生徒もいます。

予想外の手応えに意を強くして「誕生」の次に「死」を取り上げ、最後を「出生前診断と選択的中絶」でしめくくりました。その年は場当たり的な実験授業とでもいうものでしたが、結果的に、①生殖技術と親子の絆——ベビーM事件をめぐって、②無知は身を滅ぼす!?——脳死・安楽死・尊厳死、③「生命の質」と「選択」――出生前診断をめぐって、という三テーマで生命倫理問題を体系的にとりあげ、最後をいわゆる青年心理の分野（＝アイデンティティの確立）でまとめるという、ほぼ退職まで続いた構成の原型になりました。

――なぜ最後が青年心理の分野なんでしょうか。最後まで続けたのは、授業構成のなかにもメッセージがあるんだと思いますが。

青年心理の分野というのは、教科書的にいえば、自我の目覚めとか第二次性徴にはじまり、エリクソンやらルソーの第二の誕生などを指す、発達心理学の基礎的な分野で、高校「倫理」の授業では一年間の最初に取り上げられるのが普通です。思想や哲学の話よりも身近で取っつきやすい話題ですから。青年期の課題とは何かといえば、それはつまり、「おとなになる」ということに他なりません。じゃあ、おとなになるってどういうことなのか。私は、自分なりの世界観・価値観を身につけ自分の人生を引き受けて生きていくこと、同時に、他者や世界との関係を築いていくことなんだと考えます。もちろん、そんなこと自信を持ってできているおとななど、そうはいないと思いますす。けれど少なくとも、他者や世界との折り合いをつけながら、自分の人生を自覚的に引き受けていく覚悟をすることによって、ひとはおとなになる。だとしたら、生命倫理のテーマ、つまり生老病死の問題は、まさに、その覚悟と向き合うに足る力を持っている。生老病死を考えるということは、究極、わたしはどのような価値にもとづいて生きていくのか、どのような価値を構築することにアンガジェするのか、ということに到達せざるをえませんから。

別の言い方をすると、生老病死の問いを問うということは、究極、アイデンティティを問うことに他ならない、ということです。それが、アイデンティティのテーマでまとめていくことにつながっているのです。これは、実は生命倫理問題の問い方にもかかわってくることなのですが。

「問い」の設定

――いわゆる心理主義による帰結ということではないようですね。生命倫理問題の問い方、というのは興味深い。生命倫理教育の核心部分だとも思えます。当時すでに日本でも生命倫理学が導入されていたわけですけれど、そこのところをお聞かせ下さい。

具体的なケースを取り上げて検討していくというスタイルは、いわゆる生命倫理学のテキストと同じですが、生命倫理学の問いの設定は、たいていは個々のトピックの技術の、法的倫理的な是非に終始しているように思います。でもそれはまったく問題だと思う。理由を二点挙げます。

私はずっと、生老病死をディベイトのような二項対立の是非で問う問い方を批判し続けてきました。答は多様にあるはずなのに、たった二つの答に収斂させる問い方に、最初から、生理的嫌悪感を感じていたのですが、最近ようやく、その理由がはっきりしました。生命倫理問題に関して、是か非か、という問いに答えることを強要することは、究極、自分が死ぬか生きるか、他者を生かすか殺すかという問いへの答を強要することに他ならない。しかも、「生命は尊いにしても、先端医療の発達した現在の、その尊さの複雑困難な状況」を、これでもかと提示した条件の下に答えさせるわけで、一見価値中立に見えますが、実際には、問い自体が「自分は生きる、他者も生かす」ことが肯定されにくい位置に置かれているわけです。このような問いは、問い方それ自体がまったく倫理的ではない。

ウィリアム・スタイロン原作の『ソフィーの選択』という映画がありますよね。アウシュヴィッツで「子どものうちの一人を選べ。一人だけ助けてやる」と迫られたソフィーは、咄嗟に娘を捨て息子を選んだものの、生還してアメリカに渡った後も自らの選択の罪責観を負いつづけ、最後は精神を病んだ愛人との心中にいたるという話です。『ソフィーの選択』の主題は、その後、倫理学のなかで多くの議論を巻き起こしていて、自分でももう少しきちんと考えてみたいと思っています。話を元に戻すと、生命倫理問題を是非で問う問い方は、ソフィーに、子どものどちらかを選べ、と問う問い方に酷似している。そんな問い方は、それ自体がまったく非倫理的だと断言すべきでしょう。

――ジジェクなどもアンティゴネー論と絡めて『ソフィーの選択』を論じてますが、大谷さんの観点からも是非書いてほしいですね。

ジジェクにはいろいろと触発させられましたが、私は『ソフィーの選択』を「生命をめぐる強い問い方られた決断」という観点で読み直してみたいですね。それは、生命倫理教育で心がけてきた問い方の、二点目ともつながります。私がベビーM事件やカレン裁判などを切り口に取り上げたのは、生老病死をめぐる一人の人間の決断の背後には裁判にかかわった個々人の歴史が存在し、法的な問題や経済的な側面、文化的歴史的思想的な背景、心理的抑圧など、さまざまな要素が、裁判という「生命をめぐる争い」のなかで新たな問いとなって顕在化するからです。顕在化した問いは決して先端医療の是非に留まるものではなく、先端医療の是非を切り口に、ごく普通に生きているごく普通の人、つまり、教師、生徒、保護者の親子観なり、幸福・不幸観なり、生命観なりを問い返すことにつながります。同時に、私たちが生きている社会の構造をもあぶり出す。カリキュラム論的な言い方をすれば、「倫理」や「現代社会」が修得すべきさまざまな知識やものの見方考え方と切り結んでいけるダイナミズムも持っている。私が生命倫理問題を糸口にして必修の「倫理」や「現代社会」の授業を展開できたのも、そのダイナミズムのゆえです。もし、技術の是非に留まっていれば、そんなことは不可能だったことでしょう。

しかし、究極、問いは、わたし／あなたは自分という、このやっかいなものをどのように引き受け、他者とどのような関係をつくり折り合いをつけ、社会とどのようにかかわって、あるいはかかわりを避けて生きて来たのか、生きてゆくのか、すなわち、わたし／あなたは、いかなる価値を構築していくことに自己投企するのか、という倫理本来の問いを問うことに他ならない。その問いを携えることのない生命倫理への問いは、できのわるい知的遊戯に他なりません。少なくとも、高校や大学一般教養までの生命倫理教育の目標が、生命倫理のお題をお上手に議論できるようになること、であってはならないと思います。

「市民」とは誰か

――そうですね。ところで、これ自体検討を要することですが、生命倫理学は随分と変貌してきたように見えます。最近は、バイオ・医療関係のステイクホルダー（利害関係者）のネゴシエーションを強調するなかで、アクティヴ・シティズンシップと生命倫理教育の結合がはかられていくように見えます。大谷さんはその動向に危惧を表明していますが、それについて具体的に。

医療人類学者のレイナ・ラップさんたちは、難病「当事者」が政府や研究者と対等にわたりあって研究プログラムをプロデュースしたり、政策立案に参画したり、「当事者」に必要な機器を起業したりする欧米の動きを紹介し、その特性をジェネティック・シティズンシップと名づけています。そこでは「普通の人々」から「かわいそうな弱者」や「告発する被差別者」というまなざしに晒されてきた受動的な難病者像ではなく、能動的に生きる市民の一員としての難病者像が描かれている。その意味で、アクティヴ・シティズンシップに可能性を見いださないわけではありません。

でも、フーコー流に解釈すれば、難病「当事者」が、まさしくアクティヴな選択によって、選択的中絶や尊厳死に自らを廃棄してゆく可能性、それを遺伝子レベルで行う可能性は濃厚ですし、米国の「死ぬ権利」運動は、まさしくアクティヴ・シティズンシップの発露そのものです。そのような形のアクティヴ・シティズンシップが「教育」と結合したら、それは何を意味するでしょうか？

実際、米国のいくつかの文献には、臓器提供率やリヴィング・ウィル作成率の低い有色貧困層への啓発教育が語られて、そこにWASP的なまなざしが感じられないではありません。米国オレゴン州の医師幇助自殺の実行者が高学歴の白人層に集中しているというのも気になります。

シティズンシップって、まさしく社会科教育・公民科教育がその育成を目標に掲げている「公民的資質」そのものなわけですが、ここであらためて、では、社会科教育・公民科教育は、誰を「公民／市民」としてきた／いるのかが、問い直されざるを得なくなる。その意味で、生命倫理問題は、社会科教育の試金石になるかもしれません。

教育のディレンマ

——ほとんどの研究者は、「公民的資質」がシティズンシップの翻案語なのを知りません。困ったことです。ところで、さすがにと言うべきでしょうが、ロールズは自覚的にシティズンシップをアンダークラス向けの対策として打ち出していて、このことと大谷さんの見地がどう切り結ぶかがとても大切になりますが、そこは後でお聞きするとして…。一八年間の教育を振り返ってみて、肯定面と否定面をあげるとすれば。また、生命倫理教育から生と死の教育への移行についてはどう評価しますか。

生死にかかわる問いは、教師の意図や教育技術がどうであれ、また意識的であれ無意識であれ、教師生徒双方が何らかの形で「自分自身」を問題に織り込むことを余儀なくします。「学びからの逃走」が指摘されて久しいわけですが、理由の一つには、学校で学ぶことが、自分自身を棚上げした乾いた知識でしかなかったことが挙げられるんじゃないかと思う。生命倫理問題はその突破口になりますし、昨今、「死の教育」「いのちの教育」が注目されているのも、自分自身を問題に織り込んでいくなかで生み出されるダイナミズムに、教師生徒双方が魅せられるからでしょう。

ただ、当然落とし穴もあります。生命倫理問題のディレンマを討論させたり考えさせたり、死に直面した人のお話を聞いたり遺書を書かせ感性と体験に訴えたりして、教室の空気が「動く」ことに、教師は目を奪われがちです。学びから逃走する生徒の姿に心を痛めている良心的な教師であるほどそうなります。だからこそ、考えたり感動したりした「その先」が何なのか、それを考える必要がある。生命倫理教育と死の教育は、一歩間違えば、先端医療と高齢社会のつゆ払いと後始末を相補的に成す危険性と隣り合わせです。親学問である生命倫理学と死生学がもっている危険性をそのまま受け継いでいる。

幸か不幸か、私には生命倫理学をアカデミズムのなかで正式に学ぶ機会がありませんでしたし、そもそもアカデミズムの文法も作法も、それ自体をろくに知りませんでした。前述したような経緯で授業に取り上げたのがきっかけで、新聞紙上で知るトピックを素人が入手できる文献で傍証して独学を続けながらも、一番力になったのは、高校生たちの素朴なリアクションや疑問に応答しながら自分自身の問いを深めていく営みでした。アカデミズムの本道から見れば素人に毛の生えた知識や問いでしかなかったかもしれませんが、一般市民最前線予備軍である高校生の素朴な問いが、市井の人々が生老病死に関して感じる不安や疑問につらなっていることに間違いはありません。そういう立場からみると、今、日本のアカデミズムの中で一定程度の市民権を得た生命倫理学に対して、あらためて、期待していたのはこういうものではなかったのに、という思いが否めません。

——というと？

第一に、繰り返しになりますが、合理的思考実験がもつ限界。その理由は前述したとおりです。加えて、バイオエシックス誕生の地アメリカは非常に宗教的な国ですから、たとえバイオエシックスそれ自体が世俗的な言語で生老病死を語ったにせよ、よきにつけあしきにつけ、対抗勢力として宗教の力は厳然と存在しており、それが全体としてのバランスを保っています。日本ではあまり言及されませんが、ダニエル・キャラハンやポール・ラムゼイといったバイオエシックス創成期の論者はいずれも宗教的な背景を持っていて、あえて世俗的な言語で語ってきた人たちです。そういった状況を捨象して、日本の生命倫理学はその世俗部分だけが肥大した形で日本に輸入された。アメリカのように総体的なバランスを保つだけの力を、日本の伝統宗教は失っていたからです。バイオエシックスが批判の学である社会学から離れ、経済学と結びついたというレネー・フォックスの指摘は巷間知られるところですが、宗教性を持たないことで、日本の生命倫理学は、ひょっとしたらアメリカ以上に合理的思考実験の弊を強めようとしているかもしれません。

第二に、私が生命倫理学から学んだ最大の恩恵は、専門職倫理、研究倫理のストイシズムでした。そのストイシズムが、結果的には、自分の生徒の応答を材料にした教育研究を断念させることになりましたが。ところが、ここ数年、倫理委員会関連やコ・メディカルで目にする「研究倫理」という言葉が、単なる手続きにしかなり得ていないのを目の当たりにし、愕然としているところです。

この状況はまがりなりにも「倫理」をなりわいにしてきたものには耐え難い堕落です。こういう状況が日本に特有のものなのか、それとも他国にも同様なのか、慎重に判断しなければならないとは思いますが、手続き論を「倫理」と詐称することは、あるいは、QOLの低い生命を「死へ廃棄」することを「尊厳死」と言い換えることとつながっているかもしれません。

――死の教育に対して、肯定面と批判面を。

学びから自分自身を棚上げしてきたこれまでの教育に、「自分自身を問題に織り込んで考える」糸口をつくる、という意味で、「死の教育」が生命倫理教育と同様の糸口を切り開いたという点は、肯定されてあまりあるものがあります。

他方で、生命倫理学がもつ合理的思考実験を教育に持ち込むことの限界と同様に、これまで宗教や習俗が果たしてきた往生術の世俗版である死生学がもっている構造的な限界も感じます。現状、提唱者・実践者たちが口にする死の教育は、その限界を矮小化した形で受け継いでいる。

矮小化の第一に、たかだか数時間の授業で「死生観を育む」と言ってのけてしまうのは、あまりに人間というものをバカにしている。第二に、死への準備など、簡単にできるものではありません。これもまた、人間をバカにしているとしか言いようがない。すくなくとも、自己肯定感をもてずに自傷行為に走る少年少女たち、テレビドラマのような学園生活を送れなければ自分の青春は失敗だったと思いこむような現代の思春期の子どもたちに「美しく死ぬ作法」をなぜ教えなければないのか、私にはまったく理解できない。語るべきは「みっともなくても生きのびろ」という言葉です。

ただ、子どもたちは教師などより数段したたかですから、感動的な授業構成に自己陶酔している教師にあわせて涙しながらも、それ自体をＴＶドラマの如くちゃっかり消費する健全さを持ち合わせてもいます。警戒すべきはむしろ、死の教育の伝導者となってしまう提唱者・実践者の心性と動機でしょうか。

――どっちを警戒すべきなんでしょうね。消費文化にしがみつくアンダークラス、これに対してシティズンシップ教育が高唱されているわけで…。ところで、学校での生死の教育が今後どうなっていくのか、また、どうなっていくべきなのかについては？

批判は随分と挙げたので、ここではどうなっていくべきかについてのみ述べます。

まず三点挙げます。第一、大きくは生命倫理教育と死の教育に二分されている現在の生死の教育を止揚して、自己を問い、他者に問いかけ、社会を変革してゆく地平を切り拓くものにしていくこと。第二に、そのためには、生命倫理学と死生学だけを親学問にするのではなく、医療社会学や文化人類学、科学技術社会論、社会福祉学やジェンダー論、障害学など、近接領域、関連領域からの知見を貪欲かつ批判的に取り入れてゆくこと。第三に、生死の教育が、言挙げできない「小さき人々」の、言葉にならない言葉を掬い取ってゆくことです。換言すれば、生命倫理学や死生学が誕生国アメリカで基盤としたような、健康な白人中産階級の価値観にもとづいた、会員限定仲良しクラブの議論で終わるか否かということになります。上記三点は、ひとり生死の教育だけの問題ではなく、生命倫理学や死生学それ自体の問題でもあります。

ここから先は、生死の教育に向けた指摘です。生死の教育は、生徒の内面に否応なく踏み込むことになります。とすれば、教師は教育の持つ暴力性を十二分に自覚する必要がある。教師は、その思い入れゆえに、自分にとって都合のよい反応だけを見がちですが、そもそも生徒は教師に迎合的な心性を持っていますから、自分にとって手痛い反応だけでなく、黙して語らない生徒の姿をも見すえる必要があるでしょう。とりわけ、義務教育や必修の授業では生徒に選択権はないんですから。

教育から研究へ

――大谷さんは教員生活の途中で修士号を取得していますが、その経緯と研究内容について。また、高校を退職して、現在博士論文に取り組んでいるわけですが、その経緯と目標について。

修士号は、東京都の教員をして一八年目から二年間、上越教育大学という教員の再養成のための大学院大学の社会系コースに内地留学して取得しました。最初は生命倫理教育のカリキュラム開発をテーマにしていたのですが、修士論文提出まで一〇ヶ月を切った段階で、教育を直接のテーマにしない決断をしました。理由は、生徒の応答を自分の研究の材料にすることとの嫌悪感を捨てられなかったことと、開発したカリキュラムが安直なマニュアルとして使用されるであろうことを容易に想像できたことによります。方針を転換して書き上げた修士論文のタイトルは「生と死の語り方――「わたしたち」の物語を紡ぐ」というもので、生命倫理学的な生死の語りの批判的検討と、オルタナティヴな語り方の提案です。ピーター・シンガー流の生命倫理学のナラティヴが、「生命を質によって序列化し、死への廃棄に導く」ものであることを指摘し、自己の複数性の自覚と、自他の語りを聞き合うこと・読み合うことによって、多様な存在を承認し合う親密圏・公共圏への回路を拓くという、今考えると大言壮語ここに極まれり、というしろものでした。ただ、教育という言葉は使用していませんが、振り返ってみて、その作業は、それまで教室の場で生徒たちとともに語り合い、紡ぎ合ってきた「生と死の語り」の集大成だったと思います。

――生命倫理学や臨床諸学のナラティヴには強烈なバイアスがかかっていて、とても硬直したものなんですが、そこが見えなくなっている。ようやく英語圏でもポツポツ批判が出始めているところですね。

そうなんです。私が自分の実践の原型を作った一九八七年当時は、シンガーも動物の権利関係以外ではウォルターズとの共著くらいしか翻訳されていませんでしたし、学会組織ができたのもやっとその頃でしたから、生命倫理学のバイアスをもろに受けずに済みました。とはいえその影響は確かに受けていて、教室の場で行ってきた私の問い方語り方が果たして正しかったのかどうか、あるいは、人びとを質による序列化と死への廃棄に導かない問い方語り方、ただそこに在ることで存在を承認される、老いや病や障害とともに生きることの価値を再構築するに妥当な生死の問い方語り方が他にもあるのではないか、それを、あらためて検証すべき時期が来たのだと思いました。職場復帰した一年後在職のまま立命館の先端研に進学して博士予備論文でその作業の緒につき、それが結果として高校教師の職を退くことにつながりました。逆説的ではありますが、生死の教育が初等中等教育の中で制度化、大衆化しようとしている今だからこそ、これまでの自分の語りを含めて、生死の問い方語り方それ自体を問い糺さなければならないと、余計にそう感じるのかもしれません。それが、先駆的に語ってきたものの責任だと思うし、公生活の後半はそのための仕事をしてゆきたいと思っています。

――立岩真也さんの『ALS――不動の身体と息する機械』でも紹介されていますが、大谷さんは尊厳死言説を追っていますね。そこでの動機と狙いを。

修士論文を書いている過程で、「尊厳死」という言葉が「安楽死」と弁別されて独自な地位を得ているのは、どうやら日本に特異な現象らしいということに気づきました。アメリカの「死ぬ権利」運動の展開の中で、医師幇助自殺や自発的積極的安楽死の容認をめぐる住民投票にあたって、自殺幇助を容認するオレゴン州法案が「尊厳死法」という名づけを得たことと、二度の住民投票を潜り抜けて州法が成立・存続していることとの関連性にもひっかかりを感じました。その時のひっかかりがそのまま、現在の博論のテーマになっています。

私は高校教師時代から、「人権」「平和」「民主主義」の三語は極力使わないで授業をしてきました。この三語はすでに答えるべき解答が用意されている、思考停止を引き起こす言葉でしかないからです。それどころか、今や「平和」や「民主主義」は「時代遅れ」と反発される空気の方が強いですし、教員間で「人権」が語られるのは、諸団体や「市民」からのクレームを回避する危機管理の文脈です。「尊厳」や「正義」という言葉もそれと同様の力をもちはじめています。だからこそ、

「尊厳」という言葉の求心力が死と結びついて作動する力のポリティクス、その言葉に秘められた市民の「欲望」を、尊厳死言説を追うことで明らかにしたいと思ったのです。

「尊厳死」言説と新優生学

――「尊厳」というタームは、死に使われるだけでなく、ある生にも使われていますが、両者の関係について、どんな見通しを持っていますか。

ヒト胚の尊厳が今議論になってますね。それ固有の問題について詰めて考えているわけではないのですが、尊厳死言説と新優生学はセットである、というのが私がもっている仮説です。一九二〇～三〇年代英米の安楽死運動と優生運動の担い手の重複を見ても明らかで、前章「『いのちの教育』に隠されてしまうこと」で俎上にあげた太田典礼もその系譜に連なる一人です。また、優生政策を実行したナチズム下で、ユダヤ人の虐殺に先立って心身障害者の「安楽死」計画が実行されたことは繰り返し指摘されるべきことでしょう。その上で、両者がセットであると仮説する理由を二点挙げます。

第一、両者ともQOLと自己決定を前提にした言説であること。ヒトゲノム解析機構の第二代ELSI委員長を務めたロリ・アンドリュースが『ヒトクローン無法地帯』のなかで出生前診断を「この世への入会審査（admission standars for birth）」と言っていて、これはなかなか利いたネーミングなんですが、だとすれば尊厳死言説はこの世の会員審査だということです。しかも、QOL

が低いと自認した人が自ら会員資格を返上して死に退場してくれるわけで、「この世」にとってこんなに都合のよい装置はない。

第二、では都合がよいのは「この世」の誰か。限られた医療資源・社会資源の分配を心配する権力であると結論づけるのは簡単です。でも、ことはそんなに簡単じゃない。高度な福祉政策を実現するために、便利で快適な文化的生活を維持してゆくために、社会を生産性の高い会員限定クラブにして、そうでない存在を員数外にするという発想は、構成員全員にとって都合がよいのであって、クラブの運営委員はその手足にすぎません。そこには構成員全員の欲望が働いて、QOLの低い存在は、構成員の快適な「生（生活、人生）」を維持するために廃棄され員数外に置かれます。ここで重要なのは、たとえ新優生学にもとづく入会基準をパスしても、快適で充実した生活を送り、高度な福祉政策を享受したあとは、いずれ尊厳死言説にもとづいて会員資格を返上しなければならないという、会員制クラブのお約束です。もちろん、このクラブのお約束は、権力による強制ではなく自由な自己決定にもとづくものですから、自らが会員制クラブ維持のためにクラブ外に出て行くこと、すなわち死ぬことを、それこそ「尊厳をもって」選ばなければならないわけ。とすると、自らの質の低さを自認して自らを死へと廃棄することを納得するための概念装置が、「犠牲」「尊厳」なのではないか、ということなんです。それはいわば、自分の「尊厳」を守り、かつ他者と共同体のための「犠牲」になるという、美しい物語です。そういう美しい物語を欲望させるものはいったい何なのか。

優生学と安楽死思想が、新優生学と尊厳死言説が、なぜQOLの低いと見なされる難病者や重度障害者を脅かしてきたのか、脅かしているのか、それを真剣に考えなければならないとは思います。じゃあ、その脅しはどこから来たのか。とりあえず、私はこう考える。それは、会員限定クラブの構成員としてめでたく認定された人自身の怯えの反転形ではないか。「死」によって自分の「尊厳」を守り他者と共同体のための「犠牲」になるという美しい物語を信じずにはいられないほど、構成員自身が怯えているのではないかと思うんです。

――つまり、怯える会員と脅かされる員数外が区別されている。それにたぶん、その中間に会員制にしがみつこうとするアンダークラスが配されている。公民的資質に欠けるとされる層です。その上で、大谷さんは、怯える会員が員数外を脅かすことになると批判してるわけですが、会員からすると、「滑りやすい坂」論の一つだと見なされると思うのですが、どうでしょうか。

私の論理が「いったんある行為を認めてしまうと、徐々にその境界がずれて坂を滑っていく、ユダヤ人の虐殺に至ったナチスのように」という「滑り坂」論だというご批判ですね。それにはこう反論しましょう。

第一に、「それは滑りやすい坂だ」という批判と「それは『滑りやすい坂』論だ」という批判は対極にあるように見えながら、批判としては表裏一体をなしている。どちらにしても坂の下にナチズムをおいて互いを批判しているんです。どちらも、「ナチス」の語で相手を黙らせようとしているのだけれど、その時点で自ら思考停止をしている。シンガー事件でピーター・シンガーと彼への批判者が互いに互いを「ナチスだ」と言って批判しあったのがいい例です。私にはむしろ、「滑り坂」論であるという批判が、どのような問いを、どのような意図で封じ込めようとしているのか、そこに興味が湧きますね。

さて、第二段階に行きます。ユダヤ人の虐殺前に、ナチスが積極的消極的な優生政策の実施に加え、心身障害者の「安楽死」計画を実行したことは繰り返し指摘されるべきだと言いました。実行命令が撤回された後、医療従事者によって戦後まで殺害が継続されていたことも確認されてしかるべきです。つまり、「生きる価値がない」とされた人々の殺害が、「安楽死」の名のもとで行われた。しかも、安楽死計画のきっかけは、先天性障害を持つクナウアー夫妻がその子の殺害許可を自主的に申し出たことがきっかけとなっているらしい。とすると、坂の下にナチスを定位して同じだとか違うとか、いずれそうなるとかならないとかを云々するんじゃなくて、技術も社会形態も異なっているけれど、今現在起こっていることとあの時代に起きたことと、何がどう違うのか、あるいはどう同じなのかを考えるべきではないでしょうか。

一九九七年のアメリカ映画『ガタカ』は、遺伝子操作での出産が当たり前になった近未来の物語です。遺伝子増強はまだまだ夢物語だとしても、受精卵診断段階でのデザイナー・ベビーは既成事実です。出生前診断や選択的中絶を考えれば、すでに裾野は広がっている。その現実があるからこそ、「デザイナー・ベビー」やら新優生学という言説が一気に広がったのだと考えるべきでしょう。

『ガタカ』という映画は、通常、自然に生まれたハンディをはね除けて宇宙への夢を実現する主人公ヴィンセントに焦点を当てて見られています。私は、彼の夢の実現の影で自死を選んだ、堕ちた遺伝的エリート、ユージーンの死の物語として見るべきだと思う。これが、批判に対する反論の、第三段階でもあります。

『ガタカ』が語るもの

——『ガタカ』は、アンダークラスよりもアンダーな員数外というより、アンダークラスが会員になるべく公民化しようとする物語とは見れないでしょうか。ですから、優生批判にしても、二重の課題があるわけで…。

『ガタカ』ではアンダークラス（「不適正者」＝遺伝子増強せずに生まれた人々）が全員白人に設定されていたのがアイロニカルでしたよね。ヴィンセントに焦点をあてると、不適正者に生まれたヴィンセントが自らの運命に抗いクラスの壁を克服して夢を実現する、『ガタカ』は、まさしくアメリカンドリームの成就の物語です。しかもヴィンセントは、身分詐称という一点を除けば、たとえ教科書の丸暗記であっても宇宙開発会社ガタカの入社試験をパスし、タイプミスひとつない書類をつくる有能なエリート社員というおまけの設定つき。彼は準会員でしかないアンダークラスの不適正者でありながら、生まれながらのハンディを克服して能力を磨き、正会員になって公民化するわけなんです。

しかし、ユージーンに焦点を当てるとどうでしょうか。ガタカの社会が描いているのは、たとえ遺伝的超エリートとして生まれようと、いったん五体満足な肉体を失うや「かたわ者」と侮蔑され、遺伝的アイデンティティを不法に売らざるをえないほど生活に逼迫する、遺伝子決定社会でありながら同時に徹底した能力第一主義の社会のありようです。その状況でのユージーンは、確かにアンダークラスではないんだけれど、じゃあ、肥大したプライドをもてあましながら酒におぼれて自暴自棄になっている、やさぐれた適正者なのか、といえば、それだけでは留まらず、下半身不随になったことによって、適正者でありながら見えない形で員数外におかれて打ち捨てられているわけです。

そのユージーンが、ヴィンセントが夢を実現して宇宙に飛び立ったその瞬間、かつて一流水泳選手として得た銀メダルを胸に焼身自殺を遂げる。ユージーンのこの行為をどう解釈するか。今まで、中学・高校・大学の授業で『ガタカ』を使って来ましたが、必ず出るのは、「ヴィンセントの夢の成就のための犠牲となって死に赴くユージーンに感動した」というリアクションです。「ユージーンに成り代わって宇宙へ飛び立ったヴィンセントが再び地球に帰還するためには、本物のユージーンは死ななくてはならなかった」というものも出てきます。つまり、アンダークラスのヴィンセントが公民化されるために、ユージーンは犠牲の死を死ぬわけですが、そこには、遺伝的なエリートではあってもQOLが低くなったために生きながら員数外に置かれていたユージーンが、自らを死に廃棄して正真正銘の員数外になることによって、正会員としての存在証明を倒錯的に図ろうとする欲望が働いている。それは、「尊厳ある死」を欲望させる尊厳死言説の表象そのものです。

ここで確認しておくべきは、ユージーンが下半身不随になった事故が、自ら車に飛び込んだものであるということを告白するワンシーンです。ユージーンが遺伝的超エリートとして常に一番になることを運命づけられながら、その運命の重荷に倦いていた姿は映画に繰り返し示唆されている。

最高の遺伝子をもって生まれ最高の幸福を約束されながら、最高の勝ち組になれなかったエリートの傷ついた自尊心が、自らの生命を供物として捧げることによって、つまり「他者のための犠牲の死」という物語を選ぶことによって自らを癒やす――ユージーンの自死は、意地悪く見れば、そう読めるし、しかも映画を見るオーディエンスもユージーンの自死に癒されてしまう。さて、そこに作動する力は何なのか。いわずもがなですが、ここで作動している「力」は『ガタカ』のようなフィクションや、滑り坂に定位されるナチスに限定される話ではなく、今現在、作動している力です。

私は、脅かされる員数外も、正会員にはい上がろうとするアンダークラスも、会員資格にしがみついて員数外や準会員を脅かす正会員も、共通して「何か」に怯えているのだと思う。一つには、役に立つ人間でなければならないという強迫観念です。私の中にも確かにその怯えと強迫観念が存在していることを自覚していますから。でも、それだけではないんだろうとも思うし、何より、その怯えと強迫観念はいったいどこから来るのか、その正体を探ってみたい。なぜなら、役に立つ人間でなければならないという強迫観念は、役に立たないと見なせる人間への憤怒や憎悪と表裏一体のはずです。その憤怒と憎悪を、妬みや嫉妬と連動させて正当化したのが、まさにナチズムだったのではないかと思うのですけれど、その片鱗は現在のフリーライダー論にいくらでも見いだせるんじゃないでしょうか。

繰り返しになりますが、優生学と安楽死思想が、新優生学と尊厳死言説が、なぜQOLの低いとみなされる難病者や重度障害者を脅かしてきたのか、脅かしているのかを、死生学も生命倫理学も、これまでまともに考えてこなかったということは、確認されてしかるべきです。確認した上で、あらためて、それはなぜなのかを考えたい。それをたとえば、まるで学の領域争いのように社会学や科学技術社会論から批判するだけでは、不十分なんだと思う。ジェネティック・シティズンシップが、員数内にはい上がろうとする、会員権を得ようとするアンダークラスの階級闘争、あるいは利益「当事者」の消費者運動にすぎないのだとしたら結果は目に見えていて、生権力の共犯者というフーコーの予言を繰り返すだけです。ジェンダー論や障害学に期待するところはありますが、それが旧態然とした「人権」のお話しに終始するのだとしたら、結局は「告発する被差別者」のスティグマを自ら招いて終わるだけで、さしたる展望はもてないでしょう。私にはそもそも「当事者」って誰なのか、「市民」って何なのかすら疑問ですし、「権力」をあげつらうことで「権力」ににじり寄ろうとする、「当事者」と自認する人びとの欲望と「市民」の欲望のすりあわせをするところから、始めたいんです。

フィクションからの分析

――研究に役立つ作品（映画など）があれば。また、関心ある関連分野について。

生と死の語り方の検討とオルタナティヴな語り方の提案が当面の私の最大関心事です。博論では「尊厳ある死」に関する言説史、言説分析をやっているわけですが、サヴ・カルチュアを含むメディア分析は是非、取り組んでみたい。

カルチュラル・スタディーズの手法を使った映画やTVドラマの分析などはずっと考えていて、

エアチェックして録り貯めたビデオやDVDはそこそこのコレクションになっています。NHKをはじめとするドキュメントも二〇年近く蓄積するとそれ自体が一つの「歴史」になるわけで、その推移は充分研究対象になります。生命倫理問題から過去の映画を振り返ってみると、宝庫と言っても過言ではないですし漫画も同様です。「「いのちの教育」に隠されてしまうこと」で言及した『ソイレント・グリーン』は人口爆発食料エネルギー不足時代の安楽死・尊厳死、人体資源化問題を先取りしていますし、新たな出産を禁じた社会を描いた一九七〇年代のSF映画『赤ちゃんよ永遠に』と、不妊者が激増して出産可能な女性が希少な代理母として制度化された設定の一九九〇年代の『侍女の物語』を、制作された時代状況を踏まえて比較分析すると、それは面白い。脳死移植もカニヴァリズムとの関連や贈与・交換のシステムと考えることで別の視点が出てきますが、アンデス航空機事故の食人肉事件を扱ったアメリカ映画『生きてこそ』と、やはり戦時中の遭難食人肉事件を題材にした武田泰淳原作の熊井啓監督『ひかりごけ』などもね。そこには制作者の意図だけでなく、作品がどのように受容されたかで、その時代のオーディエンスの欲望を含めた社会のありよう、いわば社会の欲望が読み取れます。日本育ちの高校生と帰国子女の高校生とでは、受け取り方、読み取り方も違いましたから。

――「生命倫理よりSFの方がまし」とおっしゃってましたが。

「まし」というのは、ちょっと言い過ぎですね。でも、シンガー流の、一見よく考えられているように見えて、その実ずさんな思考実験を弄する生命倫理学者を見ると、そうも言いたくなります。

具体的な状況のなかで個々に生きる人びとの揺らぎや迷いを捨象して真空の実験室で弄された言辞が、市井に生きる人びとの生老病死に寄り添えるとは到底思えない。せいぜいが、科学者や医療従事者が倫理的なディレンマに陥らずに済むためのエクスキューズにしかなりえていないんじゃないでしょうか。それに比して、優れたSFやミステリは、映画であれ、漫画であれ、具体的な状況におかれた人びと（サイボーグやロボットも含めて）の心象風景から社会構造まで克明に描き出します。何より、行間を読者に任せる余白が存在する。前述の『ガタカ』がいい例です。そこから析出して読み取れる人びとの心の襞、考えるべき論点、飛翔させ得る想像力の幅が無限にある。仮に作品が描いていないとしたら、描いていない物語を紡ぎ出す余地が、読者、視聴者には許されている。私は、映画『ガタカ』が描き得なかったヴィンセントとユージーンの関係の物語、ヴィンセントとアイリーンの関係の物語を見たいと本気で考えているし、ヴィンセントが身分を偽らずに地球に帰還し、ユージーンがヴィンセントの夢の成就のために犠牲の死を死なずに済む、もうひとつのガタカの物語を紡げるか否かに、生命倫理学と生命倫理教育の存在価値が試されるだろうと思っています。

実践と理論をむすぶ

――大谷さんは相当の決意をして研究生活に転身したわけですが、そんな大谷さんから見て、大学と大学院の学問研究の現状はどうでしょうか

現在の大学が果たして学問研究の場なのかという根本的な疑義はさておき、まだそれで食えているわけではないので「転身」と言うには躊躇いがありますが、あえて言います。現場と研究、実践と理論の乖離というのは、きっと古くからある問題なんだろうとは思います。私は長い間現場で働いてきてそのことにいささかの矜持もありますから、正直に言えば、世の中を支えているのは現場で日々賽の河原のような労働にたずさわっている「小さき人々」なのであって、「天下国家を机上で脳天気に論じている高等遊民とその卵たち」に何がわかるか、という思いがないわけではありません。現場の「上がり」が研究生活であるかのような、現場・研究双方の一部の見方にも抵抗があります。一教師として高校生たちの成長によりそう選択を全うした／しようとしている先輩教師、あえて火中の栗を拾うが如く、現場の声との狭間で苦しみながら教育行政の最末端で働いている元同僚教師たちの生き方を目の当たりにしているので余計に。他方で、現場の体験に自閉しているだけでは閉塞感を深めていくばかりだろうというのも実感としてあります。

現場での経験で育んできた問いは、私の心身に刻み込まれていて、それが、時に研究をすんなりとは進ませない障害物になっていることは確かです。アカデミズムの世界に本格的に参入して、世の中には本当に頭のいい人がいるものだとあらためて確認しているし、独学を続けてきた基礎体力の欠落をこの歳で埋めるのも並たいていのことではありません。でも、生老病死にかかわることが、頭のいいひとたちによる仲良しクラブの議論に任せられていいはずがない。専門家と素人の乖離を紡ぐのが教育とジャーナリズムだと思ってこれまで実践の場にいたわけですが、生死の学が制度化されるにしたがって、教育もメディアも制度化された学を参照するようになる。とすれば、私のように現場で問いを育んできた人間がアカデミズムの中で果たせる役割もあるのではないかと思います。

転身の個人的な理由をここで自己開示することはしませんが、現場に充分な意義と愛着をもってきた人間が研究生活への転身を決意した以上、現場と研究、実践と理論の間を紡ぐ仕事をしなければ意味はないと思っているし、「象牙の塔」と言われて久しい大学・大学院の学問研究の状況を打破する突破口の末端にでも連なることができれば、これまでの教員生活で問いを共有してくれたかつての教え子たち、生死の問いのラディカルさゆえに心ならずも傷つけてしまったであろう生徒、そして、授業実践の「材料」としてその「生（生命、生活、人生）」の断片を切り取り思弁の対象にした実在の人びとに、わずかでも報いることができるのではないかと思います。ちょっと大風呂敷ですけれどね。

III 生態

「生態遷移」というグランド・デザインの発想
――二〇世紀の生態学と遺伝学

遠藤　彰

遺伝学からのデザイン

ポスト・ダーウィンの時代、一八六六年にエルンスト・ヘッケルが形態学を普遍化して、系統学から生理学までを体系化し、その生理学の一部門として生態学を位置づけている[1]。一九世紀後半から二〇世紀にかけて、生物学の主流は実験生物学で、ダーウィン進化論が影を潜めた時期であると、生物学史の記述するところ。そして、グレゴール・メンデルの「遺伝法則」がフーゴ・ド・フリースらによって一九〇〇年に「再発見」され、オオマツヨイグサの突然変異が見つかり、一九〇一年にはデンマークのW・ヨハンゼンが遺伝的素因にGen/geneという名をあてた。一九〇六年にはW・ベイツソンがスイトピーの花の色と花粉の形に遺伝的連関を発見し、一九〇九年にはA・ヴァイスマンの生殖系列遺伝による淘汰理論が出て、二〇世紀の遺伝学の時代が幕を開ける[2]。

生物体というものの、いわば遺伝的デザインの理解に向けて、そのメンデル遺伝学から華々しい分子遺伝学の展開を経て、二〇〇三年のヒト・ゲノムの「解読」、つまりDNAの塩基配列情報の解明まで、まさしく還元論的な研究系譜を成功裡に跡つけることができる。これは生物体をめぐる還元論アプローチのいわば終点である。しかし問題はまさにこれからであり、八〇〇種類六〇兆にも及ぶ細胞にある、冗長な反復を伴う塩基情報の併行時系列に沿った「適切な文法的な読み込み」から、タンパク分子どうしや糖などの分子との連携反応によって生物体の諸パーツが、その時系列と空間配置のなかでどのように構築されるか、そのデザイン構築の論理、つまり「総譜」が探られることになる。

細胞レヴェルの系列は、全細胞数が九〇〇くらいの線虫などですでに追跡されているが、何兆もの細胞からなるヒトなどでは胚性幹細胞から多細胞体の形態分化への制御は、途方もない量の情報の処理•伝達をめぐっての難題であり、いきなり全体のしくみを説明するのは無理で、せいぜい部分構築のプロセスを忍耐強く解明するほかない。それによって、おそらく「個々の遺伝子」の役割が相対化されて理解され、生物体の構築論理が、分子から細胞のレヴェルで従来よりはるかに深く了解されることになる。

バイオのナノテクから細胞•組織構築の胚発生的なエンジニアリングが、大いなる期待を伴った投資ゲームを演じるのも無理からぬと思うが、その複雑さを直視すると、その期待に危うい幻想を見て取るのは容易である。ゲノム情報がさまざまな周辺条件、時間のなかでいかなる環境からのいかなるシグナルを取り込んで、相互作用しながら発現するか。それは、卵がどのようにして成体になるかという形態形成のしくみ、つまり生物体のデザインの謎にどこまで迫れるかということにほかならない。

二〇世紀は「遺伝学の世紀」と言われる所以で、その現代へのパースペクティヴがどう拡大したかは、もう多言を要すまい。ただ遺伝子という言葉は、慣用されているので困ったものだが、gene の語源に忠実に、genesis＝形成という意味で理解すべきであり、遺伝的に伝達される情報ではあるが、やっていることは、基本的にはボディの形成への関与であり、その作用を、ボディを超えてときにカッコウの託卵のように別種のボディへまで達すると拡大解釈したのがR・ドーキンスの『延長された表現型』（一九八二）であったことも。[3]

ところで、二〇世紀初頭の生物学をめぐっては、実験生物学の分析的「機械論思考」と実験しつつもその限界を深く考察していたハンス・ドリーシュや「生の哲学」を展開したアンリ・ベルクソンのような全体論的「生命論」との対立がよく語られる。[4] 還元論と全体論という構図は、ヒエラルキカルな実体構造の理解をいわば前提としている。このヒエラルキカルな自然認識が当時にあってどのように基本になっていたのか。有機体＝生物体という概念は、その有機性の何たるかを、当時の生理学が把握しつつあった生物体の新しい理解で裏打ちされた、よほど新鮮な有機体像が魅力的なものとしてあったはずである。

そのあたりが現在から眺めるとたいへん理解しにくい。いや、それはまさしく遡及主義的混乱というほかないが、この有機体、有機性は、先に述べた遺伝的なしくみをまだ了解できていない。生化学的な代謝や、環境への生理的な対応についての成果を取り込みながら、つまり機械論的な分析の成果を挙げつつも、その機械論への反発、つまり生命そのものの全体性、いささか神秘的な粉飾を伴う、その有機体論のパラダイムが色濃く存在していたようである。新興の遺伝学など、まだほんの「ひよこ」でもあったのである。その「見えない遺伝子」を追い詰めていった、とりわけ二〇世紀後半の分子生物学の還元主義は、「ほかに何かおもしろいことがあるのか？」と言わんばかりの傲慢さを漂わせてもいたが、まぁ大目に見ておこう。ともあれ、ゲノムの塩基配列の情報がわかった。ここからはじまることこそが肝心であると考えるシニカルな生物学者は、これからなされるデザイン構築論を射程に入れているわけで、そこではもはや還元的方法を採用することはないはずである。

自然の階層論と有機体論

現代の自然の階層論は、個別領域の研究者がときどき思い出したように全体図を描いて、自分の位置を説明するのに便宜的に利用するくらいで、まるで新鮮さに欠ける。ほとんど死に体というに等しい「自然観」とも見える。それこそ「存在の大連鎖」などをスキップして言えば、一六世紀の、神が頂点にいて、上級天使から天使、人間、獣、植物云々と階層化された世界像が、近代の自然の階層論で置き換えられて、そのままである。これは多少二〇世紀的改変がなされているにせよ、細胞が見え分子が見え、大きな宇宙が見えてきた一九世紀の産物で、ミクロとマクロの双方へ「見えない自然」が解明されずに残されていた時代にあって、自然に挑戦することのできる方法として積極的でありえた。[5]もっぱら物理学的自然観の基本モデルであったもので、素粒子論などで沸き立っっていた六〇年代あたりまでは、けっこう語られていたと思う。

ところで、一八世紀末から一九世紀を生きた比較解剖学者、ジョルジュ・キュヴィエの提唱した「相関の原理」は、たとえば肉食獣の肉を切り裂く鋭い牙と獲物を捕獲する大きな爪と走力を支える四肢の筋肉など、さまざまな器官が互いに密接に連関しているという認識に基づく、機能主義の産物であった。キュヴィエの仕事こそは、ミシェル・フーコー[6]が見抜いたように、まさに近代実証主義の、博物学と生物学を画した「有機体」発見の試みであった。その生理学的な裏打ちが、一九世紀後半から二〇世紀へかけてのそれこそ実験生物学の主流の成果である。二〇世紀になると、その有機体の理解に、しだいに遺伝的機構が組み込まれてくる。しかし、一九三〇年代に生まれた、あのA・オパーリンの生命起源論ですら、まだその遺伝的なアスペクトには言及できなかったのである。

それでも、二〇世紀初頭の「有機体論的」思想はなかなか強力であったと見える。それは生物体にとどまらず、人間の社会や生物共同体という「組織化された対象」に向けても、ほとんど唯一の説明原理のように適用されたからである。オーガナイズという言い回しが、機能主義的なニュアンスを発揮できる、それこそプラトンの『ティマイオス』以来の国家と人体のアナロジーに代わる発見であったかのように、好まれている。これは、人文・社会科学の新しい成立とも関連しているようにも思えるが、それこそ「複雑系」をとらえるさいの、いわば初期のパラダイムであったのかもしれないと思えてくる。もちろん、その解析の武器は、もっぱら機械論である。私的には「機械も説明できないで生物体が説明できるか」という、発生生物学者、白上謙一の懐かしい言葉が甦る。[7]

生物体そのものを云々する議論は、まだよい。というのは、こうした内部の論理で生物体を語る方向とは、まったく異なった試みが存在する。それは一九〇〇年前後のクロノロジーでもともすれば見逃されてきた。生物体の生物学というよりも、その外、まさしく生態学という巨視的展望で生物の世界を語る試みは、論理的にまったく別のディシプリンとして成立している。[8] それが、ポスト・ダーウィンの、それこそ進化論がほとんど見放されていた時代に誕生した。それを「生物学」という括り方で語るのに、私はいつも少し苛立ちを覚える。もちろん、生態学は生物学と無関係ではない。しかし、その関係は、ヘッケルの構想とも異なり、かと言って現代的に進化生態学と呼ぶことで解消するのでもない。多様な生物の世界が、まさに成立し存続している「基盤」にある関係の総体をとらえるディシプリンなのである。

生態学という試み

さて、一世紀前を想起するとき、メンデルの法則の再発見という、時の革命的転回からDNAの発見を経てきた遺伝学と現代のそれがまさに隔世の感をもって対比できるのにくらべると、生態学の誕生期に、まさに発見された生態遷移と、その後の紆余曲折があったとはいえ、現代の遷移概念を含めての生態学的描像を対比してみると、こちらは、何とも歯痒いかぎりである。

たしかに「遺伝学の世紀」と「生態学の世紀」という呼び方は、いずれも一面的ながら、二〇世紀を特徴づけるミクロとマクロの生物学の知の両輪ではありそうである。こういう言い方は、まさしく生態学からのもので、分子生物学者ならたぶんこんな言い方をするのは少数派だろう。まして、この双方向を架橋したいと願っている、生理学者はさらに少数派である。かような事態について、あれこれの反対を唱えられつつも、がむしゃらに還元論的に分析してきた領域と、とても還元論では分析できなかった領域の違いであったか、と思わないでもない。しかしほんとうにそうだったろうか。

「こうすれば、ああなる」という思考というか、説明と納得のフレームは、近代科学を標榜するほかなかった、どの領域であれたぶん似たようなものであったはず。「ゲノムの解読」までは、それでよかったとしておこう。たぶん言い過ぎだと思うが、それは生態学でいえば、どのような種がどれほどいるのかという、種の多様性の理解、そのリストをつくったようなものである。いや、それは分類学者の仕事であり、そしてもちろんその完璧なリストはとうていまだできていないし、全ゲノム情報まではともかく、分子系統を解析する仕事が現代の分類学者の、すべてではないが、重要な仕事になっている。そして、それらがどのように相互作用するのかということの解析は、いずれにせよ、やはりとても難題なのである。

「複雑系」という認識がこのところややポピュラーになり、そのことの意義は、またしても、すぐには答えが出ていないという印象によって、流行の波から消え去ってしまったと思われているなら、とんでもない話である。「複雑系」を連呼しているだけでは困るが、それがどのように見えてくるのか。ここで単純な答えが期待されること自体が、間違っている。複雑性を理解する方法として、長らく採用されてきた「単純化」という、ばかばかしい展開が、やっと終わりを遂げたというのにである。複雑さに挑戦する思考の先端は、ほんとうに「闇雲」である。そこをどう表現するのか。それでも、さまざまな条件付で「こうすれば、ああなる」としか言いようがないかにも思える。新しい思考は、所詮古い思考からは生まれない。その思考を変換する方途すらわからない。それでも、ある種の臨界にいることだけは確かである。話が行き過ぎてしまった。

地理学の周辺から勃興してきた植生地理学はどこにどんな植物種が生育しているかを記述したが、ある地域の植物種の全体が時間とともに変遷する「植生の遷移」が特定の極相（クライマックス）へ向かうという認識が、一九世紀末から二〇世紀初頭に生まれてきた。それはさらに「生態遷移」と一般化され、地域的な条件つきで、それぞれ安定な最終ゴールへ向かうと考えられるようになった。[9] その説明はともかく、この「生態遷移」というのは、動植物などすべてを含めた生物群集（共同体）の動態そのものであり、その説明原理としてもっとも中心的な位置にある。そのような理解が可能に思えた一九〇〇年前後の時代は、揺籃期の幸せな生態学という印象である。生態学者ならではの学説史を書いたR・P・マッキントシュは、『生態学の背景——その概念と理論』（一九八五）のなかで、このプロセスを「生態学の結晶化」と表現した。[10] 一九一〇年代になるとイギリスとアメリカで生態学会が設立された。あとで触れるが、生態遷移の議論が本格化するのはそのあたりである。

生態遷移の発見

二〇世紀はじめの巨視的な自然認識に、かなり決定的な影響をあたえたのは、デンマークのE・ヴァーミングの著作『植物群系』（一八九五）である。[11] ヴァーミングはそこで、植物の生育に関与するさまざまな環境要素として、土壌や温度、水分などを詳細に検討して、植物どうしあるいはほかの動物との関係にも着目する。そして世界の植生を一三の類型（植物群系：水生、湿生、酸性土壌、塩性、砂地性、砂漠＝ステップ、サヴァンナ、灌木、森林など）に分けて説明する。さらにこの類型は決して静的なものではなくて、その動態つまり遷移の様相にまで言及している。ヴァーミングの著作は、一八九六年にドイツ語版、一九〇九年にはオクスフォードから英語版が出る。私の手元にあるのは一九二五年の第二版であるが、この著作の影響が逆によくわかる。というのは、ヴァーミングは初版以来、その影響で展開されたさらに重要な仕事、たとえばヘンリー・C・カウルズやフレデリック・E・クレメンツなど、アメリカでなされた生態遷移をめぐるミシガン湖畔の植生研究などを引用して、自著の充実を図っているからである。

生態学の歴史をみごとに描いたドナルド・オースターは『自然の経済』[12]（一九七七）のなかでカウルズ[13]のことをつぎのように記している。

カウルズがミシガンの湖沿いの砂丘をぶらぶら歩きまわるうちに発見したことはこうであった。

鋭い観察者なら、岸辺から内陸へと歩みを進めると、植生の時間的な発展と平行している、生態的遷移のパターンを空間的に辿ることができよう。彼は、まずはじめに、湖の浜辺のさまざまな高さに生育している耐水性に違いのある植物社会、そのどれもが絶え間なく打ち寄せ岸辺を洗う波に抗って取り付くように争っているのに気がついただろう。つぎにくるのは円く盛り上がり、うねった一連の砂丘である。ある砂丘は不定形に漂っているし、また別の砂丘は長い形をはっきりなして、耐乾性の植物群系によって引き止められている。最後に岸辺からずっと奥へ引っ込んだところで、オークの森に出会うが、これはその地方の植生の成熟した極相タイプを示す落葉性の中性植物の森林である。当然のことながら、この場所は植物が繁茂するのに最適な条件を有しており、このオークの森林という目標に向かって、このような気候の下にある自然は進行することになる。だが、カウルズは、いつの日かその岸辺も消え去って、まさしくその湖の縁を密生した森林に変えてしまうとは論じなかった。逆にミシガン湖に水がある限り、その極相群系が、岸辺と砂丘のその場所特有の地文学上の特徴によってもちこたえるだろうと考えた。しかし、植物生態学者なら、この湖の岸辺を、ごく限られた数の生物体しか生育できない水際から、自然が究極的にもたらす、より広い耐性をもつ中性植物の状態までの、空間的にはっきりした推移を見せる場所へと編成してみせることもできただろう。

こうした沿岸からカニのように横ばいして引き返す踏査を基礎にして、カウルズは、あらゆる種類の場所の地形が通常の植物遷移の筋道を偏向させたり、その進行を遅らせたりする効果を考慮した「地文学的」生態学を作り上げた。

（中山ほか訳二五五〜六頁を一部改訳[12]）

カウルズはもともと地形や地勢の成り立ちを研究する地文学をやりたかったのだが、その師であるジョン・コウルターに勧められて、ヴァーミングのドイツ語版を熟読し、ミシガン湖畔で調査して、たちまちこの生態学の画期をなす仕事を完成させた[13]。カウルズはその後、野外研究には直接携わることなく、シカゴ大学の有名教授として、ヴィクター・シェルフォード、チャールズ・アダムス、ポール・シアーズ、ウィリアム・コパーなどすばらしい生態学者の弟子たちを育てた。そのカウルズとほぼ時を同じく、それもまったく無関係に、ネブラスカ大学のクレメンツたちが、やはりミシガン湖畔の詳細な植生調査から生態遷移の理論を大展開したことはよく知られている。その後、シェルフォードなどが加わり、動物群集も含めて、その生態遷移の解明がなされることになる[14]。

クレメンツの遷移理論は、後年いくらか修正されるが、それぞれの地域の気候条件などの特性に応じて、ある安定な極相に至るというもので、それは生物群集（共同体）を有機的な統一体とみなし、ひとつの極相に向かって変化して安定するという、いわば全体論的な説明に終始した。それに対して、H・A・グリーソンは「植物群落についての個別概念」（一九二六）を展開して、真っ向から批判した[15]。しかし、このグリーソンの批判は、一九五〇年代後半にグレートスモーキ山塊で調査したR・H・ウィテカーの「群集個別説[16]」が出るまで、長らくほとんど無視されたままであった。それほど、群集＝有機体論は優勢を維持していたのである。

しかし、遷移という現象をどのように説明するか。これは現在でも生態学の基本問題の一つであり、とりわけ群集生態学のグランド・セオリをなすはずの位置にある。その遷移が一本道で、すべて決まった極相へ向かうと考える生態学者は今ではほとんどいないが、その遷移のありようについては、まぁ諸説ある。とくに人為の影響を避けられない現代では、植生はいたるところで分断、撹乱されており、ことの把握はよりいっそう難しくなっている。たしかに、現象としては数十年から数百年のスパンで地道にデータをとればおのずと知れる。

それは正攻法であるが、いかにも時間がかかる。昨今の撹乱や破壊の進行はすさまじい速度であり、それをどう回復するかという、きわめて現実的な課題に向けて、いや、そもそも「回復」がありうるのかどうかも含めて、この遷移の理論予測が試されてもいる。それでも数百年、ひたすら記録を取り続けるのは重要なことだが、知的挑戦としては物足りない。というか、気の短い輩には不向きである。おそらく百年前の、ヴァーミングの構想と、それをアメリカの大地で、いささか幻想ぶくみであれ、「生態遷移」を見通したと思ったカウルズやクレメンツやシェルフォードたちのパッションと、それへの鋭い批判を向けたグリーソンの懐疑精神には大いに共感を覚える。それは心躍る知の挑戦を体験できた、よき時代であった。

生態的複雑性をめぐる現在

今、生態遷移をめぐる事態は、とてもややこしい。生物群集がどのようなものであり、それがどのように遷移するのか？　生態学とは何か。その定義は時代とともにあれこれ語られてきた。一九二七年にC・エルトンは「科学的なナチュラル・ヒストリー」という有名な定義[17]をあたえたが、その二年後シェルフォードは「生態学とは生物共同体（＝群集）についての科学である」[18]と言い切った。

現代では専門化が進み、生態学にもさまざまな領域がある。個体群生態学、行動生態学、生産生態学、生態系生態学もあれば、対象や地域をつけた鳥類生態学とか熱帯生態学という言い方もある。しかし、私はこのシェルフォードの定義が包括的であるとともに本質的ですっきりしていて気に入っている。というのは、この群集の動態こそは、決定的なあるいは主要な要因を見つけて、単純に推測できるような現象ではなく、きわめて確率的な過程であり、偶然の要素に大きく左右され、ときにカオスと呼ばれるような「複雑系」そのものと認識されてきているからである。

そういう意味で「こうすれば、ああなる」という説明自体が成立しないかもしれないということは、われわれがモノゴトを理解する仕方の根本にかかわる、その見直しを迫られる事態でもあり、誤解を恐れずに言うと知的挑戦のしがいのある領域なのである。関連要素が多くて、ほかのすべてが同じであればという便宜的な仮定のうえで、そのなかの一要因の変数をこう変えるとどうなるかという「シミュレーション」を積み重ねてやってきた、従来の「科学的説明」は、まさしく便宜的な理解でしかない。

じつは、ゲノムをめぐる議論も、今後それと同じになりつつあるはずである。ゲノムの塩基配列のベタ情報を「設計図」に喩えることが横行しているが、とんでもない話で、ここで逢着している「総譜」を描く難題は、複雑系の難題とよく似ているはずである。いや、そのタンパクや糖やそのほかの細胞内分子の相互作用の帰結は、基本的には生物体の内部の現象として、生物個体という安定した統一体のなかでのことである。この遺伝子の帰結の方が、操作しやすいと思われているのだろうか。まさかそれがバイオのナノテクへの幻想を高めているわけでもあるまい。

ところが、生物群集に対しては、人間の農水産などの営みも含めて、すでにあらゆる操作がなされてきて、その部分あるいは全体の崩壊すら目の当たりにしてきた。生物個体の生命よりも、大きな自然環境の方が与しやすいと思い込まれてきたフシがある。たえずその構成要素が変動するのを常としている。いわば「自然のバランス」はどうにかして保たれていると。果たしてそうか?

むろん、もう単純な有機体論は使えない。生物個体と生物群集の複雑性を対比するという愚は避けるとしても、多細胞体である生物体を「デザインしている手」は微小な分子レヴェルの作用にはじまる。それに対して、さまざまな種の数知れない個体からなる生物群集を「デザインしている手」は、さまざまな分子も含むけれども、個体レヴェルの食ったり食われたり、競争や共同のさなかの、交錯した世代交代も繰り返される、これまたまったく異なる見えざる手であり、どちらも一つや二つではない。それこそ「千手観音」のような操作者を想定してきた仏教世界の「説明原理」を思い出したりもするけれども、全体の構造が判明しないかぎり、その遷移の予測などできないと断定したくもなるが、おそらく、いつになっても全体構造の解明を前提にできることなどありえず、いつだって全体が不明のまま、間違った予測を繰り返すほかない。むろん、予測したいという誘惑にとらわれるかぎり、という話である。しかしだからといって、予測を放棄し、対応もしないというわけにはいかない。

「サイエンス」を離れてですら、われわれが生きているということは、あれこれの程度はともあれ、周囲の自然を操作してしまっているわけであり、それも「適当にデザイン」しているのである。ヒトだけではない。「意識的」かどうかを別にすれば、植物はもちろん、ゾウだってキリンだって、ケラやハチも、キノコもバクテリアも、世界をそれなりに「デザイン」しながらでしか生きていられない。

ニューヨーク州立大学の生理学者J・S・ターナーの『延長された生物体：動物の建築構造の生理学』[19]（二〇〇〇）が明快に語った、詳しく触れる余裕はないが、海の泥底につくる穴によって酸化還元電位を変化させて餌を採るゴカイの仲間、陸上で水分を保持するために体外に「腎臓」をつくるミミズ、地面の穴の構造で鳴き声をホルンのように拡大して調整するケラなどなど、「外の生理学」は雄弁にそのことを示している。その交錯した、工作の手際は、ドーキンスの「延長された表現型」の論理に血と肉を与えたとも評されている。その遠隔作用のインフラを明確にするというのが、ターナーの狙いである。今、大いなるフィードバック作用をとらえて、破局的に展開することだけは避けるという、われわれに課せられた、あらたなデザインの課題、それが何であるのか。

難しい話になってきた。もちろん、私がそれに応えられるわけはない。生物学と生態学はもちろん無関係ではないが、その複雑性の構築論理は、まるで異なっている。それはよく言われる、ヒエラルキー＝階層性が違うだけの話ではない。この階層性という近代の「自然認識」の枠組みこそ「脱構築」が必要だろう。それによって思考が展開するどころか、思考停止を促進する作用をしている。個体、個体群、種、群集という「階層秩序」を想定しているから、生物群集の複雑性が、お決まりのモデルで考えられて、現実の動態をとらえ損なってしまう。さまざまな種の個体の作用からなる部分群集の連関とみることが、個々の個体群の動態に帰結しているだけの話であり、その複雑性をとらえる、きわめて現実的な方法を示唆している。

先に述べたウィテカーの「群集個別説」は、遷移の有機体説を批判する積極性をもったが、個別の個体群動態の重ね合わせだけでは、生物群集の動態は見えてこない。日本ではつとに知られる今西錦司の「すみわけ論（生物社会の論理）[20]」（一九四九）も、じつはクレメンツ批判をともなっていたことは意外に知られていないが、種社会という形式がいかにも群集生態学の構造論としては危うく見える。生物群集の有機体論と個別論をともに批判した川那部浩哉[21]（一九六〇）も「総体としての群集」を強調したにとどまり、遷移への言及を欠いている。そして、欧米の生態学の教科書では定番になってきたR・H・マッカサーとE・O・ウィルソンの「島の群集モデル[22]」（一九六七）は、島だけでなく、あらゆる生態的な場所への汎用的価値は認められるものの、種数の安定性しか語らない。それに対して、プリンストン（現在はジョージア）の熱帯林研究者、S・P・ハベルの個体基盤の熱帯林構築仮説：『生物多様性と生物地理学の統合中立説[23]』（二〇〇一）は、内容に異論がないわけではないが、ある種の個体が別種の個体に置き換わるという素過程を基礎に、野暮な「階層論」に風穴を空ける、新しいモデルを構想した。また、F・J・オドリング-スミーらの『ニッシェ（生態的地位）構築論[24]』（二〇〇三）は、先に紹介したターナーの「延長された生物体」の事例をふんだんに取り込んで、やや古典的な匂いを漂わせるものの、プロセスを重視した刺激的な「生物群集論」を展開しており、私にはたいへん興味深く思われる。

些細なこだわりのように聞こえるかもしれないが、生態遷移という動態をとらえることが、生態学のもっとも基本である。その基本的な発想がかたちをなしてきたのが、一九九〇年前後というクロノロジーのもうひとつの意味であり、この百年の紆余曲折は、もちろんその現代的な展望において、その新しい出発をより明晰に了解させてくれる。生態遷移の現代的な見直しの動きがこのところいくぶん活発化してきたように思えるのは、生態的複雑性への先鋭な問題意識にからんでのことであろう。関心の向きは、サイモン・レヴィンの近著『壊れやすい自治』[25]（一九九九）も是非とも参照されたい。

「砂上楼閣」からはじまる

現代の科学史研究家P・J・ボウラーは『環境科学の歴史』[26]（一九九七）という果敢な横断的ディシプリンの歴史探索のなかで、この二〇世紀初頭の生態学の出発が「学問的な分析対象として最終的にはダーウィン革命と肩を並べるようになるかもしれない」と見逃せない指摘している。私が強調すると我田引水に聞こえそうなので、ここは「科学史の権威」を利用したまでである。

ここまで書いてから断るのもどうかと思うが、日本の事情など、はなから外してしまった。一九〇七年「生態学」という言葉が、ドイツの適応生理学を学んだ帝国大学教授三好学によってやっと語られたにすぎないからで、それも生理学は精密科学だが、生態学は解釈学で、「当たる当たらざるは八卦のごとし」と紹介している。それを指摘しつつ沼田眞[27]（一九八二）が珍しく憤慨しているのを、不肖私、このところの再読で気づいた。そんなわけでというのではない——その時代には日本はまだ分類学が中心で、彼はサクラの研究で有名だが、稀少種保全の走りとして天然記念物の指定にも力を尽くしたことは事実――が、たしかに生態学というのはいいネーミングである。しかし「八卦のごとし」などと三好に言われたくはない。沼田ならずともそれはそう思う。遅い出発になった日本の生態学は、やっと一九五〇年代になって急速に歩みはじめた。

二〇世紀の生態学は、「エコロジー」という巷のポピュリズムはさて措くとしても、ダーウィン的なテーマを包摂しつつ、「ニッシェ(生態的地位)」とか「すみわけ」とか「競争」などという直接・間接の作用を重視して、「見えない自然」の秩序を探ってきた(28)。だが、生態学の探偵は、あれこれの個体の行動や形や色がなかば見えたりしつつも、その作用の帰結をとらえられない、とりわけ生物群集を遷移させる「背後のデザインの意図」が錯綜・複合するのを基本としている、その中途半端な具体性に翻弄されているのである――うれしいことに。その概念構築好きは、そんな事情にもよる。

生態学はときに「哲学的」という悪口も聞かれる。そう言われないために実証的データを重視する地味な努力がなされていることも、ここでは喧伝しておきたいが、私としては、そんな悪口さえものともせずに、このグランド・セオリに向けて、何が語れるのかをあれこれ試行錯誤して、考えつづけたいだけなのだ。

砂丘に散在するパイオニアの海浜植物、たとえばコウボウムギは、たえず動く砂に対して、はるかに先鋭で、構築的であり、果敢に、砂上の楼閣のどこがわるいと語っていないだろうか。まずはそこから行く末の見えない遷移がはじまる。

注

（1） Haeckel, E., 1866: *Generelle Morphologie der Organismen.* 2vols. Berlin, Georg Reimer.

（2） Sturtevant, A. H., 1965: *A History of Genetics.* New York, Harper & Row (Cold Spring Harbor Laboratory Press, 2001再刊)：初期の遺伝学史として恰好の書。

（3） ドーキンス、R．（日高敏隆・遠藤彰・遠藤知二訳）『延長された表現型』紀伊國屋書店、一九八七 [Dawkins 1982]

（4） 中村禎理編　一九八二『二〇世紀自然科学史6-7生物学』（上下）三省堂

（5） Salthe, S. N., 1985: *The Evolving Hierarchical Systems.* Colombia University Press.

（6） フーコー、M．（渡辺一民・佐々木明訳）『言葉と物』新潮社、一九七四 [Foucault 1966]

（7） 白上謙一　一九七二『生物学の方法――細胞発生学とはなにか』河出書房新社

（8） Allee, W. C., Emerson, A. Park, T., Park, O. & Schmidt, K., 1949: *The Principles of Animal Ecology.* Philadelphia, W. B.Saunders.I部は二〇世紀前半までの要を得た生態学史。

（9） 沼田眞　一九六七『生態学方法論』（改稿版）古今書院。植物生態学史に詳しい。

（10） マッキントッシュ、R・P．（大串隆之・井上弘・曽田貞滋訳）『生態学――概念と理論の歴史』思索社、一九八九 [McIntosh 1985]

（11） Warming, E., 1909: *Oecology of Plants: An Introduction to the Study of Plant-Communities.* Oxford University Press.: Plantesamfund [1895]，一九二五年版を参照。

(12) オースター、D・（中山茂・成定薫・吉田忠訳）『ネイチャーズ・エコノミー——エコロジー思想史』リブロポート、一九八九 [Worstrer 1977/new ed. 1994]
(13) Cowles, H. C., 1899: The Ecological Relations of the Vegetation on the Sand Dune of Lake Michigan. *The Botanical Gazette* 27: 95-117, 167-202, 281-308, 361-91.
(14) Clements, F. E., 1905: *Research Methods in Ecology*. Lincoln, University Publishing Company./Clements, F. E. & Shelford, V. E., 1939: *Bio-Ecology*. Wiley.
(15) Gleason, H. A., 1926: The individualistic concept of plant association. *Bulletin of the Torrey Botanical Club*, 53: 7-26.
(16) Whittaker, R. H., 1953: A consideration of climax theory: The climax as a population and pattern. *Ecological Monographs*, 23: 41-78.
(17) エルトン、C・S・（渋谷寿夫訳）『動物の生態学』科学新興社、一九五五 [Elton 1927]
(18) Shelford, V. E., 1929: *Laboratory and Field Ecology*. Baltimore, The Williams & Wilkins: Morrin, P. J., 1999: *Community Ecology*. Blackwell Science. も参照
(19) Turner, S. J., 2000: *The Extended Organism: The Physiology of Animal-Built Structures*. Harvard University Press.
(20) 今西錦司　一九四九『生物社会の論理』毎日新聞社（一九七一年思索社版は関連論文収録）
(21) 川那部浩哉　一九六〇「川の生物群集をどうとらえるか」『生理生態』一〇、一～一〇頁
(22) MacArthur, R. H. & Wilson, E. O., 1967: *The Theory of Island Biogeography*. Princeton University Press.
(23) Hubbell, S. P., 2001: *The Unified Neutral Theory of Biodiversity and Biogeography*. Princeton University

Press.

（24）Odling-Smee, F. J., Laland, K. N. & Feldman, M. W., 2003: *Niche Construction: The Neglected Process in Evolution*. Princeton University Press.

（25）レヴィン、S.（重定南奈子・高須夫悟訳）『持続不可能性』文一総合出版、二〇〇三 [Levin, S. 1999: Fragile Dominion]

（26）ボウラー、P・J.（小川眞理子・財部香枝・桒原康子訳）『環境科学の歴史』（I・II）朝倉書店、二〇〇二 [Bowler 1997]

（27）沼田眞　一九八二「現代生態学の動向」沼田眞編『生態学読本』三〜二二頁、東洋経済新報社

（28）遠藤彰　一九九二「生物世界のこのうえなく複雑な相互作用」川那部浩哉・東正彦・安部琢哉編『地球共生系とは何か』一五二〜八三頁、平凡社

現代の「環境問題」と生態学

遠藤　彰

（聞き手　松原洋子・小泉義之）

基本課題は山積している

――遠藤さんは、自然科学の側から人文学と社会科学にアプローチしている、まさに「絶滅寸前の希少種」なわけですが、とくに理工系の若い人に研究に関して、まず何かアドバイスをするようなかたちで。

まず「遺言」を述べよということですね。いや、もう少し「保護も受けずに」しぶとく生き延びるつもりなので、青くさいことを口走ります。技術的な仕事のウェイトがいまの世の中では、以前よりまして強くなっています。できることからやるのであれば、内容を問わなければ、その可能性が広がっているということは確かですが、何事も戦略的になってきていることを考えるとどうでしょうか。言い換えると、その技術の有効性の評価がすでに成立しているところで、その具体化がテーマになることが多いと思います。縁の下の支えであった技術が正当に評価されることはいいことですが、純粋理学からすると、ユースフルかどうかなど無視して、ともあれ他人のやっていない面白い問題を考えればよく、それを見つけるリスクと隣り合わせのところが難しくて、楽しい。しかし、そのリスクを回避して、見通しのいいところで先輩や先生からテーマをもらうことが多いのが気になります。それは必ずしも悪いことではないが、あまりわくわくしないのではないか。何が面白いか、何が重要か、何が可能なのか、具体的なモノゴトに即して考えてゆくしかなくて、アドバイスなどおこがましいけど、大切なのは、いささかの懐疑主義、そしてその筋の歴史を眺めてみることでしょうか。最先端に見えることは、ほとんど終わっています。先にも触れましたが、末端にありそうな、忘れられているような課題に挑戦するのはどうでしょう。それを先端化できれば…、そこに賭けるしかないでしょう。

熱帯で植物と昆虫の共進化の研究していたアメリカのD・H・ジャンセンが、コスタリカで熱帯林の再生の実験的な研究に転じました。現地の人たちと試行錯誤の植林をする気の長い仕事です。彼は、基礎研究を一時的に棚上げにしても、この森の再生をしないと、将来にわたって熱帯林の研究が不可能になるという危機意識を表明しました。ジャンセンも、「原生的な自然」と思い込んで研究してきた生態学者です。私のまわりにはそんな原生的な自然は最初からなかったのですが、人間の活動の影響をできるだけ受けていないと思われる対象を探してきたのは事実で、このジャンセンの言明に私はかなり動揺しました。そのあたりから、狩蜂だけでなく、その周辺の「里山」や「海浜砂丘」に視点が広がりました。しかし、その保全の方策だけを課題に研究する場合にも、じつはかなり基本的な理論というか視座を構築しないと、ほとんど一歩も進めません。生物群集の変容や遷移に関連する研究は、そういう意味で、避けられない緊急課題に密着したテーマにもなるということに、やっとこのところ気がついたという始末です。何が重要なのかを、まじめに考えつづけることが、それ自体として面白いということ。ここで思考停止はありえないからです。
手のつけられていない基本課題は山積しています。たぶん理系だけの話ではなくて、具体的なものごとのありようを、その歴史的な存在の条件から見直すと、技術の歴史も科学の歴史も、すべて現在に連なる研究対象になりそうです。

現代生態学の周辺と背景

――まじめには、遠藤さんは生態学が専門で、狩蜂を中心にして里山や海浜砂丘、さらに深泥池《みどろがいけ》の生物群集などを調べてこられて、環境評価にもかかわられてきたわけです。環境問題の焦点が変化するにつれて、生態学の対応も変わったように見えるのですが、あるいは環境問題が大きく取り上げられてきたこの数十年間に、生態学そのものの変化があったとすれば、どのような変化だったのでしょうか。

いきなり大きなテーマです。生態学の歴史は、ダーウィンからとしても一五〇年くらいのしれたものですが、まとまった成書がいくつか出ているだけで、とりわけ第二次大戦後の現代生態学史は、そろそろ総括されてよいと思いますが、書かれていません。とりあえず、個人的な印象にもとづくやや雑駁な話になることをお断りしておきます。

日本の生態学会は、結成されたのが一九五三年です。それまで生物学関係の学会は主要には植物学会と動物学会で、そのなかで細々と展開していた流れが、一応一つにまとまって、理学系の動植物教室を中心に、農学系の昆虫（害虫）学や林学、水産学などの応用領域が合流しました。生物学系の学会は、それぞれの対象生物でかなり細分化されていて、魚類学会とか昆虫学会とかいっぱいあり、会員はたいてい重複しています。

それはともかく、一九六〇年代後半くらいから、いわゆる「公害」問題が顕在化するなかで、第二次「生態学ブーム」（第一次はたぶん学会創設期を身内でそう呼んでいる）があって、水俣や阿賀野川の水銀中毒が、体内に蓄積する水銀が食物連鎖の帰結であるということで、いきなり生態学という領域が世間から注目を浴びることになったわけです。「高度経済成長」下で工場排水などの汚染が進行し、農薬の濫用、ヴェトナム戦争での枯葉作戦などの事態へ、学会としても遺憾であるという声明くらいは出していました。

アメリカでの環境運動には、E・P・オダムをはじめ何人かの生態学者もビキニの水爆実験後のサンゴ礁の生態調査をしたり、海洋生物学者レイチェル・カーソンの『沈黙の春』（一九六二）が衝撃をもって読まれ、一九七〇年の「アース・デイ」のデモなどで、世界的にも「エコロジー運動」が脚光を浴びるようになっていました。ヨーロッパではドイツを中心に「酸性雨」による森林破壊が問題になって、「緑の党」などが結成されたのもそのころです。その後もスリーマイル島の原発事故や、アラスカで大型タンカーからの大量の石油流失事故で、深刻な海洋汚染が起こるとか……。

――確かに「エコロジー」「食物連鎖」など、市民権を得た言葉が多くなりました。ところで生態学そのものはどう変化したかという点はどうですか。

かなり雑駁な背景処理ですが、そのような時代の生態学はどうだったのかというと、日本の話ですが、たとえば水俣問題では、確かに食物連鎖と生体濃縮、これは学問的に理屈がつくが、「疑わしきは罰せず」からすると、水銀もメチル化して有機水銀となるという指摘すらまだ証拠不十分とされてしまい、法的には因果関係の立証が最重要の論点でしたから、今から見ると信じられないくらいですが、生態学の専門家が法廷で証言することも、政治的な意味をもったと思います。生態学に世間の「期待」がかかり、「公害問題」解決の切り札みたいな生態学者に対する(?)「迎合」があったことも事実です。しかし、生態学者は、このあたりについては、まだけっこう冷静で、たとえば食物連鎖の一般論なら語れるし、酸性雨が森林にダメージをあたえることは指摘できる。ところが、目下の生命の危機は、要するに重金属や農薬の中毒の類で、その病理はもちろん、化学や医学のレヴェルの話であり、放射能汚染など言うまでもなく、放射能マグロだって、食料資源の問題で、「疑わしきは食わない」という常識で対応できる。汚染源を断てばいいだけの話で、生態学の学問的な課題と直接的にはかかわっていないという認識の方が卓越していたと思います。

要するに、「公害問題」は世間で騒がれていること、まぁ生態学の出る幕じゃない。生態学は地道な課題をまっとうすべきというスタンスが大勢で、大発生がどうして起こるか、個体数調節はどのように可能か、動物の社会構造をどうとらえるか、進化における種内変異の重要性とか、行動の生態学的意味をどうとらえるかなどというテーマが主要な関心事で、自然保護や環境保全が焦眉の課題であるという認識は今よりずっと薄かったと思います。もっとも「自然保護委員会」はすでに設置されていて、南アルプスなどの林道建設に反対声明を出したりしていましたが、環境汚染の実態について生態学者が中心的に調査することは、あまりなかったと思います。ただし、東京湾あたりの大規模埋め立てなどについては、当時からかなり地味な調査がなされていたし、瀬戸内海汚染の調査などには、生態学者も参加してはじまったと記憶しています。

ところで、水産関係の生態学者について、私は事情に暗いのですが、たとえば捕鯨問題などで、彼らは個体数の問題にかかわり、かなり政治的文脈で判断を迫られたと思います。生物の個体数問題は今も昔も生態学の基本問題ですが、それにかかわっては、生態学の未熟さが学会でも指摘されていました。個体数の推定というのは原理的には簡単ですが、現実には依然として、技術的にもコスト面でもかなり難題です。

それ以外では、農業の害虫対策は別として、水産資源の実態を把握せざるをえない事情にある湖沼や河川などの陸水系では、琵琶湖や宍道湖・中海、諏訪湖などの実態調査が、当時のアメリカの生態学の主流であった生産生態学の流れから、生態学分野でのはじめての世界的プロジェクトになっていた、国際生物学事業ＩＢＰ（一九六四〜一九七四年）の資金を背景に各地の重点サイトで展開していました。しかし、さしたる調査や環境評価もないまま、八郎潟や児島湾など大規模埋め立てが進行して、新しい農地、コンビナート、石油備蓄基地などができ、森林については、国内の高価なスギやヒノキの代わりにフタバガキやラワンなど熱帯材が東南アジアから大量に出回り、戦後復興で都市の近代化が進み、河川の砂・ジャリが徹底的に利用されコンクリートと化してきたわけです。このようなわれわれの都市の環境変貌は、周辺の雑木林や里山が住宅地として開発され、一九七四年のオイル・ショック以降には「列島改造論」がぶち上げられて、それもバブル崩壊で経済的に挫折するけれども、「身近な自然」の荒廃が進行したということです。

おそらくこのあたりと並行して、一九七〇年代から一九八〇年代が、生態学の理論的また経験的な成果が世界的にもたくさん生まれきた。やがて進化生物学と総称されることになる、この変化は、現代生物学史の文脈でもきっちりと分析されるべきところですが、私のとりあえずの見立てでは、環境問題が外圧として作用しているというのではなくて、むしろ学問上の問題、従来の理論的な枠組みの抱えていた弱点や経験的な調査の不足の克服過程として、であったように思っています。

いわゆる環境問題との関連は、その後一九八〇年代後半から一九九〇年代以降で、もちろん一九八〇年以降の「ガイア説」のインパクトも無視できませんが、地球温暖化や地球環境という「グローバリズム」の顕著な流れのなかで、八〇年代の群集生態学の復活と保全生態学、生物多様性などが取り沙汰されるところで、生態学がかなり変貌してきたという印象で、とらえています。

――生産生態学や個体群生態学は、資源問題などで、社会的な機能を果たしていたわけですね。

社会的機能をどの程度まで果たしていたかは微妙ですが、応用ベースで動いてきましたから生産や資源問題とリンクしています。ただこれは、生態学の内部の議論、焦点の当て方の変化で、やや乱暴に言うと、一九五〇／六〇年代の生産生態学と個体群生態学の並存から、一九六〇／七〇年代の個体群生態学と動物社会学、一九七〇／八〇年代の行動生態学＝社会生物学と進化生態学を経て、一九八〇／九〇年代の系統（とくに分子系統）分類学と群集生態学へという、とくに一九九〇年代以降は、「生物多様性条約」（一九九二）の世界的なフレームアップもあり、保全生態学がかなり前面にでてくる。だいたい二〇年くらいの周期でディシプリンが重なりながら変化しているのではないか。パラダイム転換というほどドラスティックではないにしても、研究者の世代交代の波と問題関心のシフトを示していると思います。もっとも、日本の生態学は、流行に弱いし、層が薄いので、欧米の動向に右往左往しているだけかもしれません。

理論あるいは数理生態学の可能性

――自然科学って、数学化ないし数理科学化されると地位が上がりますね。遠藤さんからすると不愉快かもしれませんが、生態学の場合、どうだったのでしょうか。

普遍性をキープできるってことでしょうか。やはりそうなりますね。それはそれで、そんなに不愉快ではありませんが、生物学者はかなり数学コンプレックスがあるので、反発するか過大評価するかに振れてしまう。私自身は、数学化するかどうかはともかく、理論は大事だと思っています。数理生態学は、とりわけ一九七〇年代以降が、これは生態学史のなかで、それこそ黄金の一九二〇年代以降の、たぶんもっとも大きな達成と言えると思います。一九二〇年代というのは、現代生態学の基本になる、個体群増殖モデルから競争-捕食関係の微分（差分）方程式による記述がなされて、生態学の理論の筋が通ったわけです。有名なロトカとヴォルテラの仕事です。それにエルトンやクレメンツ、シェルフォードなど野外研究者が、食物連鎖網やニッシェ、生息場所など、基本的な概念を提起して、二〇世紀生態学の雛形ができたところです。そのころ、日本はまだなにもしていません。

——数学哲学、自然哲学、生命哲学にしても、その辺りがピークで、戦争と冷戦のせいで完全に停滞しました。

そうですか、そのあたりの学史もおさえておきたいですね。そうした基本理論がやっと一九七〇年代から急速に見直しされてきて、もちろん、今でも教科書はロトカとヴォルテラとエルトンには触れますが、ずっと精緻化されて、一〇〇〇ページを超えるような教科書（ベーゴンほか『生態学——個体、個体群、群集の科学』京都大学学術出版会、二〇〇三など）が出ています。しかし、この間の数理生態学の動向は、端的に言うと、ひとつは一九五〇年代に近代経済学が使った最適化理論で、さまざまな生活史「戦略」が語られたこと。目的関数を設定して、生物が最適な行動をとっているなら、どのような帰結が考えられるかを予測して検証できる枠組みがつくられ、従来の「生物というのは環境にうまく適応している」という漠然とした言説が一掃されたはずです。ところが、勘違いした生態学者もたくさんいて、「うまく適応してます」論文が大量に生産された。最適性とのズレこそが面白いはずだと私なんかは思っていたのだけど、それは、また個別条件の見直しや、関数そのものの代替をすることになるから、難しい。でもその面白さがうまく出せなくて、適切に再検討されないまま、飽きられてしまったようです。残ったのは、生物もこんなにうまい戦略や戦術をとって頑張っていますよ、みたいな戦略的な見方です。少し言い過ぎますが、NHKやかつてのBBCの自然番組に代表される紋切りのメッセージとあまり変わらない言説が再生産されている印象。

それからもう一つ特徴的なのは、ゲーム理論。こちらはイギリスのサセックスの数理生物学者メイナード＝スミスなどの貢献に負うところが多いのですが、これも戦術・戦略論でもあるけれども、「進化的に安定な戦略（ESS）かどうか」という議論でした。ある種はこう、別の種はこう、という、いくぶんステレオタイプな「種の特性」論は、コンラッド・ローレンツの動物行動学の影響もあってか、巷でも定着してきた「生物観」であったわけですが、これを崩したのがこの進化的安定性をめぐる議論であったはず。可塑的な表現形質として行動をとらえ、どのような行動に対してどのような対応行動をすると、頻度的に平衡になるかを理論的に解決した。単純なのは、ハト派とタカ派のモデルですが、どういう条件で両派が安定するか。これも「共存の理論」でもあったわけで、種を基礎とした比較行動学ではなくて、個体ベースの本能論でもなくて、行動そのものの発現頻度で考えるところが、斬新だったはずです。それも「ゲーム」という、ある意味で時代の風を受けての登場だったわけです。しかし、これも少々飽きがきてしまった。「進化的」というネーミングの問題もあったかに思いますが、異なる戦術の共存、あるいはそこでの「軍拡競争」的な皮肉なアナロジーもあったにせよ、相互エスカレーションで進展均衡する適応的戦略を、微分的な進化モデルとして一応新しく解釈したわけです。しかし対立均衡する複数の戦略というモデルは、いかにも単純すぎる。N人ゲームも理論としてはありますが、あまり複雑な帰結になると、モデルとしてあまり意味がなくなる。何か、どこを切ってもおなじ「金太郎飴」では、その手の説明にも飽きてしまったという感じです。進化＝ダーウィニズムという過剰な定式化とそれへの拙速な反発もやや不毛で、生物の適応をめぐっての説明のレヴェルが、理論的に精緻化されるとともに、かなり根本的に変化したはずですが、まだきっちり総括されていない。

不定な生物こそが面白い

——生物学の哲学や思想でも、この辺りの論文は膨大にありますが、日本ではほとんど紹介されてません。そのためもあって、ひどく粗雑な言説がまかり通っていますが、かといって、歴史的興味を別にすれば、いまさらという感じがしてます。もともと、数理生態学を発達させた個体群生態学は、人口統計学を生物集団に応用したものですし、いまや経済学の理論と生態学の理論は結託して、社会諸科学を席巻しているので、その批判的吟味が必要ですね。

最適化理論でもゲーム理論でも、その前提や条件をあっさりと変えるのが生物たちです。力学系理論でも、その初期条件や境界条件を変えてしまうわけです。戦略のセットを変えてしまうし、大気温度が上昇すれば移動してしまいますから。そんな生物たちの不定性を理論化しないことには面白くなるはずがない。心ある人なら皆が悩んでるところですけど。

まったく、その通りですが、その不定性を理論化するのって、超難題なんです。それで、少しスケールを変えますが、マクロなレヴェルでの話としては、これも、いきなりマクロというよりも、素過程を基礎としながら、スケールアップする試みがなされます。これはコンピュータのおかげでシミュレーションが容易になったことがあります。そこでは最適化やゲーム論ではなくて、やっぱりカオスから複雑系のことを想起した方がいい。最近少し滞りを感じるし、今後どうなるかは知りませんが、生態的複雑性をテーマにした、*Ecological Complexity* というジャーナルもごく最近出たところです。もちろん *Journal of Theoretical Biology* や *American Naturalist* という伝統ある理論誌が今も健在だし、*Ecological Modeling* も一九八〇年代後半に創刊されています。これは保全の問題なども射程に入れています。

——期待できそうな点はどのあたりでしょうか。

理論の達成の中身を語るのは、なかなかつらいですが、要するにポイントはどこだということになると、私なりに言ってしまうと。よーく考えると当然だけど、自然はえらい複雑で、単純な連立微分方程式で記述したくらいではすまないということです。力学系も、直接作用から間接作用を重視する方へシフトしてます。その途端に理論も野外調査もとても難しくなります。たいへんな複雑系であり、それでも、心して部分モデルでも何でも作るしかない。理論の仕事は、とくにこの分野では、野外研究者に実験を強いるわけではありませんが、はっきり言って、野外での測定可能性をほとんど無視して理論は展開してしまいます。厳密な頭があれば、新しい理論を考慮しつつ、野外でも白黒つける実験をして、理論と実際のフィードバックを試みようと考える人もたくさんでています。

しかし、野外からこそ新しい問題を引き出して、「理論」にとらわれている輩の鼻をあかそうという野人もいないわけではありませんが、少なくなったはず。複雑であればあるほど理論が重要であることは確かです。野外で仕事してきた生態学者は、現実的な制約から「切り取り」作業をせざるをえません。競争一つとっても、種間競争のモデルは実験個体群で作られたものであって、野外でそれを実証できたかどうか、八〇年代は激しい論争が起こりましたが、決着がついていません。これはダーウィン以来の課題のはずです。このところとくに野外生態学者が減少しているのは、データを取るのはたいへんだし、結果はすっきりしないし、短期間で論文が書けないことを、若い人が直観しているからだと思います。野外では動きを追うのが大変だし、競争の回避を示唆する結果が意外に多いのです。それに特定の個体群を追うだけで数年はかかってしまう。実験室でやれることからやってしまおうという風潮になるのは、ある意味で仕方ないかもしれません。しかし当然にして実験室データは限界があり、野外での現象との突き合せが必要になります。

——野外の野人は減ってきたし、室内の野人となると数えるほどしかいないし…。

それでも競争の問題は、現代生態学の理論の根幹にかかわっていて、ロトカ―ヴォルテラの有名な方程式も主要な生物群集モデルもすべて「競争排除則」を基本に組み立てられています。そこからすると、現実の多様な生物の共存は、その競争をなんらかに回避している結果であるとみてよい。そのしくみは何かということで、理論は数学的な安定性や定常性を説明するモデルを考えてきたわけです。どちらかというと経験的に、複雑であれば安定すると、オクスフォードのエルトン以来考えてきた生態学者は、多種の存在をモデル上で想定している「ランダム群集」では、その安定がむしろ単純な種構成の場合に達成されるという、ロバート・メイの一九七二年の『ネイチャー』に載った論文と一九七三年の著書 *Stability and Complexity in Model Ecosystems*（モデル生態系における安定性と複雑性）を読んで、仰天しました。それでもやはり異論もあって、安定性とは何か、外部からの侵入に強い抵抗性との関係が議論されたり、またランダムな種構成から出発するシミュレーションではダメであるとか、熱帯林の群集はそれでも安定しているし、してきたではないか、などなど。これもいまだに決着はしていません。モデルでは種内の個体がどうしても均質に仮定されるので、個体レヴェルでの更新も問題になっています。

——外野から見ても、そこが一番面白いところです。

そのメイは、もともとオーストラリアで物理学をやっていて、理論生態学へ転進した人です。その後プリンストンからオクスフォードへ、そして今はロイアル・ソサエティのほぼトップにいて、イギリスの自然環境保全の政策的なチーフをやっているはずです。それはまぁどうでもいいですが。もちろん、理論がすべてではないけれども、「競争」をめぐる議論は、無視することはできないにしても、大きなフレームとして何を説明するのかということとして言うと、「共存」「多様性」を射程にしているだけでは、もうギリギリかなという印象があります。このあたりになると、個別種の保全というより、森林、湖沼、さんご礁などの保全の話とストレートにつながっていますが、それは「共存や多様性の重要性」と了解されておしまいではなくて、背後の生態学の理論との関連でいえば、群集生態学のとりわけ生態遷移の理論とつながっていて、「共存のしくみ」「関係の多様性の条件」が何かという問題です。これは群集生態学のもちろん未解決の面白い学問的な課題です。平衡／非平衡の議論へと展開したところでもあります。

――メイの歩んだ道って、さすがに象徴的ですね。とりあえずの数理生態学の限界を見切るか諦めるかして、そこそこの理論と環境問題の連携を図ったわけです。しかし、数理生態学そのものはまだ可能性を含んでいると考えられるのでしょうか。

話を転ずるようですが、（小泉さんも書評をお書きになった）郡司ペギオ・幸夫さんの試みている理論、たとえば『原生計算と存在論的観測』（東京大学出版会、二〇〇四）が、面白いのは、生態学なんて枠を超えて、世界の成り立ちのことを考えつづけているからですよね。どこから、何を考えるのかっていうこと。そしてもちろん、どこから何を考えてもいいわけで、要するに、数理生態学そのものには、限界はないでしょう。しかし、目の覚めるような生態学の新しい理論が、出てきそうにないけれども、出てきてもいいし、その可能性はある。そう簡単に出てきては困りますが、もうちょっと、何とかなりそうな話くらいはないとね。サイモン・レヴィンの *Fragile Dominion*, 1999（邦訳は『持続不可能性』という端的な題名になっていますが、直訳すれば「壊れやすい自治」）は、さまざまなスケールの違いを考慮した、複雑系をめぐる近年の生態学理論の好例だと思います。少なくとも競争の議論を超える大きなスケールが射程に入ります。なかなか興味深い展開です。それと本書の別稿でも触れましたが、ニューヨーク州立大学のJ・スコット・ターナーの*The Extended Organism*, 2000（拡張された生物体）という動物の建築物を扱った「外の生理学」のアプローチは意欲的な試みだと思います。古い生物社会有機体説とまったく異なった、有機的連関性が生物体の外へどのように物とエネルギーの回路としてつながっているかという視点です。生物体の外への、ドーキンスの言う「延長された表現形質」という「遺伝子のマニピュレイション」作用の、いわばインフラ・ストラクチャーをはっきりさせて、神秘性を引き抜いた「ガイア理論」へ架橋しようという大仕事です。それはもちろん、遺伝子作用の限界も見据えることになるはずで、漠然とした「外部環境」という言い方では汲み尽くせていないところを、生理学ですから、個体の生理の論理によって取り上げる。つまり「生きている」生物体の存立の外部基盤をおさえる話です。これがうまくいけば、複数の個体の論理をつなぐ筋が見えてくるのではないかと思います。もちろん生態学とのリンクの可能性が広がりそうです。贔屓目もいいとこですが、正直、わるくないと思っています。ただし、ターナーの熱力学は超古典的で、そこがまたいい味なんですが。

——現在は、生理学の復権に向かってますから。

どうしてそういうちょっと「抜けた理解」をしているんですか。間抜けというのじゃなくて、卓越したという意味です。私なんか分子生物学の突出で、生理学がとてもへこんでいる感じで、ターナーみたいな研究者がいることに、ちょっと感動してたんですが。でも、ポスト・ゲノムの時代に、生理学の復権の動きは、ある意味というか、あって当然とは思います、たしかに。

環境をめぐるコンフリクト

——環境問題の「環境」、自然保護の「自然」、生態学の「生態系」、これらの区別と関係はどう見ていますか。実際に社会的に関与した具体的な例もあれば。

このあたり、ほんとうはたいへんで、それぞれの概念検討をちゃんとすることが重要な課題になるくらい、これらをめぐる言説の混乱はすさまじいです。政治的にわざと混乱させられているという感じはないけれども、生態学の専門家も、混乱したり、要約の暴力で説明したつもりになっているし、概念的混乱の歴史はおさえなくてはと思っています。

まず環境ですが。これはもちろん、通念としては人間の環境でしかありません。生態学者などは、それぞれの生物の環境を考えてよ、と言っていると世間には理解されている。それはそうですが、生態学者も当然人間の環境のことも語っているわけです。人間の資源としてあるいは文化としてからんでくる生物は、一応考えられる範囲で考えてみようと、なっている。

私は、『環境経済学』（岩波書店、一九八九）という、宮本憲一さんのあの有名な本を眺めてびっくりした経験があります。「環境は人類の生存‐生活の基礎条件であって、人類共同の所産である。（中略）環境とはなにか、どの範囲の対象をさすのかというのは大変むつかしい」（五五頁）と書いてあった。環境経済学というものが、環境を〝人間にとっての〟という置き方をするのは当然で、それを前提にしているのはとりあえず承知しますが、ここでは端的に言って、「人類共同の所産」

という表現が大問題です。これでは、環境が見えてこないのは当然という気がします。それこそ人間といってもいろいろいるわけで、そこでのコンフリクトが見えないと、いったい何を論じるのかという話です。無理はないけど、この本では、ドイツの動物学者J・ユクスキュルの、ある主体にとってのUmwelt（環境世界／環世界）という概念にはまったく触れられていない。というのは、通常の環境Umgebung／environmentということばは、「周り」という意味だから、なんでも入ってしまい、ほとんど意味をなさないわけです。とりあえず「客観的に」測定できる温度や湿度や元素の量はいいけど、では「人類の共通資源」だけの問題か。またかりに共通資源の問題だとしても、生産手段の持ち方によって、その「資源」が有用になるかどうかまるで意味が異なるではないか。これでは混乱必定です。主体を明確にしたときにこそ問題が見える。誰かにとって良い環境は、別の誰かにとっては悪い環境でありうる。これを無視すると、せいぜい最大多数か、平均値の話しかできない。さまざまな人びと、生物どうし、関係の間に生じるさまざまなコンフリクトを明示的に語らないといけない。じつは、それこそが、評価の問題にかかわってきわめて重要な論点だと思うのです。

――まったくそうですね。いくら環境のパースペクティヴを加算したって、暗黙の内に調和的に考えてしまってるわけで、コンフリクトのない多数性でしかないんですね。

そうなんです。生態学者でも、そのあたりをわかってない人が多いんです。その点で、たとえば環境保護主義の生態学者にとっても、これまた厄介このうえない問題がでてくる。たとえば、トンボにいい環境は、そのヤゴの餌になるメダカにはどうなんだということです。これは、帰納的に議論するとキリがない。「共存」でごまかしているわけです。良心的な学生を困らせる質問をときどき講義でもするんですが、「トンボのいる世界はあなたにとっていい環境か？」「まあそうです」「では、ハエやカのいる世界はどうか？」「いやです」「でも、トンボにとってはハエやカはいてくれないと困る存在なんだけど。どうする？」「さて……」ということになる。トンボにそこまで執着しない人なら、トンボもハエやカといっしょに諦めても、一向にかまわないだろう。それは無理のない話で、現実には「不快な昆虫」もしくは「害虫」として退治され、トンボなどもほとんど一掃されてゆく。近代文明のごく普通のあり方として、大勢はそちらの世界をすでに「選択」してきている。その「文明」の範囲がどんどん広がって、限られた「虫たちの聖地」をぎりぎりでどこまで確保するかという問題と、ほんとうに身近な都市の周辺をどうするかという問題は、ことによると分離して考えた方がいい。私も街のどまんなかにオニヤンマが飛んでいるべきだとは思わない。いや、飛んでいてもいいけど、いなくても、もう「諦め」ている。自然派と文明派の議論の混乱は、そのあたりの切り分けができていないからだと思う。一般論がときに不毛であり、個別に「ここをどうするか」という設定で論じないといけないところにきていると思う。地球環境云々というレヴェルの一般論が混乱しないわけはない。それは、環境保全の問題というより、国際政治の問題であるという、米本昌平さんの指摘は、裏返しに正しいわけです。トンボの問題も都市政策もしくは田園政策の問題なんです。

――オニヤンマが消える過程を、コンフリクトの変遷として摑まえることですね。どうやれるかは、わかりませんが。

いや、それこそ保全生態学なんかはまさにそんな視点で展開されるといいかもしれません。もちろん、人間だけの場合は、相互合意云々の話でもあるわけですが、これこそが政治でしょう。誤解を受けないように、念をおしておくと、生態学者の言う、「共存」は、すべての種類のすべての個体との共存ではありません。食ったり食われたりも含めて、種個体群として絶滅しないように世代交代してゆくということで、とりわけ動物は他者の死のうえにしかその生はありませんから、「多様な種とともに生きてゆく」というのは、まぁ人間中心的な勝手な理屈です。私が学んだ生態学は、「食べるところまで」と理解しています。「うまいものを持続的に食えるようにするにはどうしたらいいか」というエゴイスティックな命題に集約されています。ただ、これまた誤解を拡大しかねないので、念を押しますが、食物資源になる生物だけが対象ではありません。植物のようにミネラルと太陽エネルギーを食えるのとはちがって、動物は何でも直接食えないので、限られたものを食べているわけで、間接的に食べているものは、当然にして「必要な資源」として位置づけておかないといけません。この「必要な資源」を明晰にとらえていなかったことが、現代の「環境問題」を引き起こしていることも確かでしょう。多くの方は、この「人間にとっての必要な資源」を徹底的に確保できる見通しがつけば、安心して生きてゆけるはずです。人口が増えたとき、それにみあった資源が量的にも質的にも変化するにしても、です。しかし、生態学は、その「資源」の幅を明確にとらえきる作業をしているわけではありません。というのも、「役立たず」と見えるものも、なんとか射程に入れておきたい「欲張り」というか趣味的なところがあります。端的には「なくても生存には影響しないもの」とか「人間の生存に有害な影響をあたえるもの」を含めて、その作用の総体をみたときには、それぞれの属性が、単純に「人間にとって善か悪か」という判断のつかないものがたくさんありそうです。それは知らないからというより、あるときは善に、またあるときは悪に転じるというシロモノでもあるからです。歴史を振り返れば、そんな例はたくさんある。すると、「必要な資源」は、とりあえずの最小限の規定でしかない。そもそも農業も飼育や栽培の発想も、基本的にはこのような考えであったわけで、これを徹底して推し進めていった帰結が、地球環境の許容量、個体数の飽和するラインです。

――それがマルサス人口論の影の打ち払い方になりますね。

なるほど、そういう方向で言えば、そうですね。ところで、一人の人間が生きてゆくのに使っているエネルギー量（物質も熱量換算しての話）は、現実にはとてつもない格差があります。最近の計算値は知りませんが、現代のアメリカや日本ではバングラディッシュの一〇〇倍から二〇〇倍になっているはずです。江戸と現代をくらべても似たような結果でしょう。最近では、フットープリントという概念で、一人の生存を確保するのに必要な「面積」が計算されたりしています。その生き方の質、内容が問われているし、これを制限する方向での作用が、「エコ」と呼ばれているわけです。エコロジカル・エコノミーというダブルミーニングみたいな不細工な表現です。まぁ資本に、生態学的な抑制を期待する内在的な力はないとよく言われますが、皮肉を込めていえば、その「破綻」こそが、唯一理解できるブレーキでしょう。部分破綻も含めて。要するに「経済」が破綻しても、われわれは生きているわけで、というか生きるほかないわけで、まわるようにしかまわらないということです。

持続・保全など体制擁護のイデオロギーではないか

――「京都議定書」(COP3)がらみの二酸化炭素排出規制などは、米本さんが言うように国際政治の問題だけど、その背後にある「森林破壊」や「資源・エネルギー」の諸問題を含めて政治経済の問題、産業資本制の問題だし、対自然関係を含みこんだ、その意味で生態学が関与すべき問題です。ところが、「持続」とか「保全」とか「循環」とか、変化を恐れたスローガンしか出されていない。これって現在の体制擁護のイデオロギーにしか見えませんが…。

たしかにそういう面がありそうです。生態学のあれこれが「市民権」をえて、そして体制化しているという構図は、否定できないです。「環境科学」「生命科学」「情報科学」という理系の「脱領域の新しいフレーム」がかなり胡散くさい。ともかく「持続的発展の可能性」というフレーズも、かなり悪質な政治的キャナライゼーションではないかと思います。現有のものを持続するための国家戦略的な理解になっている。少なくとも言葉が先行してしまった。「持続」や「保全」は、生態学者に言わせると、激減しつつある動植物の個体数のレベルの問題であり、その意味では「保守主義」をあえて標榜したいところです。「循環」は、その規定のあいまいな「生態系」ではなく「生態学的な系全体」で、物とエネルギーの動的な安定を保障する循環、つまり具体的な人間と他の生物の活動を通して実現される「物質の循環」が想定されていないと意味がない。しかもそれを保障することが、現在の社会政治経済体制ではままならないし、残念ながら、そのオルタナティヴも明らかではないことを語らなくてはいけないということですね。そこは、私を含めて生態学者の弱い環です。ここを補強するそれこそ学際的な協力が必要であると、痛感します。私が先端総合学術研究科にかかわっているのは、いわば、そのための一つの「捨石」ってことです。

それはともかく、すでに起こっている飢餓や病気の問題は、まさしく社会的な淘汰がかかっている事態と認識するしかありません。もちろん戦争も。その認識から出発して、どうするのか。私は人間社会におけるこうした事態を放置して、他の絶滅危惧種を救うべしと言いたいわけではありませんが、人間の生存が持続する過程で、早々に絶滅を強いられる有名、無名の生物たちについて、座視等閑する態度はとりたくない。相対的重点として、人間の問題が先行する事情を、了承しますが、人間問題を扱う人文社会系の人たちの問題意識が、あまりに「人間」ばかりに向いていて、ほかの生物の激減の問題を「環境問題」として、あるいは「食料資源」や「命と健康」の問題として、それこそ「人間が人間のことを考える」という、人間的というより「動物的な反応」しか示していないことに、かなり苛立っていることも事実です。そんなことをかまっている、経済的な余裕がないというより、精神的な余裕を失っているという事態への危機的な、いや末期的なおそらく文明的な病状を見て取っているのかもしれません。慈悲深い仏教徒になれと言っているのではありません。たとえば、インドのトラなんて、いなくてもわれわれが生活するうえではなにも困りはしないからです。近代文明はあきらかに、そうした野生動物などとの間に距離をつくり、せいぜい「癒し」として動植物を添え物にしているあたりで、完結してしまいます。それで十分だと考えている。ついでながらE・O・ウィルソンの、人間は遺伝的に「バイオフィリア（生物好き）」であるとの仮説を参照してもいい。ここでは「バイオフォビア（生物嫌い）」は、言うなれば文化的バイアスがかかった状態であり、それは然るべき矯正で「救える」という話です。この「楽観論」（？）には、私は与しませんが。といって、どうするのか？

——どう見ても不健康な存在としての「バイオフォビア」、極端な例で言えば「拒食症」など、これは深刻ですが、ここに至っては、逆に「健康」でいられることの問題があるでしょう。それは単に幻想でしかないというだけでなくて、誰もが病気になってもおかしくない状況にあっても「健康」でいられてしまうことの問題性ですね。

そこは重要なポイントですね。「自然派」も「健康」なんかではないということです。私はまずまず「バイオフィリア」を自認しますが、「健康」ではない。逆説的だけど、「健康であってはならない」と。すでに生命／生態政治という超管理社会で怪物化しつつあるわれわれは、そのことを自覚的に、しかし現実には「保守」すべきものが何なのかを、否応なしに問わざるをえないところに追い込まれているという状況です。すでに絶滅した化石動物にはロマン的な心情を仮託するほかなく、人類がエゴイスティックに滅ぼしたマンモスその他の同類をもその隊列に加えているだけのことだと、乾いた口調でとりあえず述べておくことにします。いくぶんニヒルな印象の生態学者を演じておきたいと思います。これはあまり受けないことを承知のうえです。役立たずの生物まで擁護するには今のところ「保守」的態度以外に新しい展望をもてる政治的ポジションがいま一つ不明確です。それは、後で触れるように、遷移論の評価にかかわってくると睨んでいるのですが。もちろん、それは産業軍事資本の論理に忠実な「政治的保守主義」とはまるで方向がちがいます。

寄生虫を排除し、害虫を排除し、病気に絡んでいるらしい遺伝子まで排除して、テロリストも排除、要するに「異形のもの」を排除するという、変質的な排除の論理と効率一辺倒の競争の原理、それも排除と、均質化が「近代文明」とみなされる状況があります。データの共有とか情報公開もヘタをすると均質化の進行になる。公共性や公平の原理もそう。競争については機会の公平を条件にするという、その一方で多数性だの多様性が語られるという、なんという混乱。いや、これは逆に明確な対立軸が見えてきたのかもしれません。しかし「排除の論理」は、かつての「共同体の論理」でもあったわけである。異形のものや、無益なもの、かつては神聖視されて、抹殺されもしたそれらが、民主的に復活したにもかかわらず、新たな排除の憂き目にあうというのは、やはりかなり「まずい事態」ではないのか。しかしその「排除の論理」を動かしている「力」を同じ「排除の論理」で抹殺できないわけですから、困った事態です。そうした「排除の論理」はたいてい「正義」や「民主主義」の仮面をかぶりますから、それを信用しないことは当然ですが。

「生命/生態政治」が、管理的権力を行使している現状への注視はもちろん不可避ですが、その権力が無名性や匿名性の存在でもある、無用で意識さえされていない存在としての生物のことなど、すでに排除しているという問題も、指摘しておきたいわけです。

環境概念としてもう一つ注目したい議論は、カンギレムの『生命の認識』が語る、ミリュウとの関係です。これはそもそもニュートン力学の成立条件のように考えられていたエーテルみたいな概念から発している、媒介とか媒体の概念との関係。まとめて「環境」なんて言い方は、そもそも日本にはなかったはずで、個物があったし、風景はあった。しかし、「環境」という括り方はきわめて近代的なもので、それはそもそも何なのか。環境なんていう抽象的な表現を止めて、そこにある個々のものを、その存在基盤から理解しながら、その他者との媒介性をとらえることが、今となっては、よほど新しい発想ではないかとさえ思っています。まして「地球環境」なんて言い方は、もう間違いなく、悪い意味で政治的操作的意図が見え見えでしょう。で、面倒だから私もときに暴力的に使っている。自白すると、かつて「地球共生系」という重点領域研究にコミットしました。そのプロジェクトのネーミングをめぐっては「激論」がありました。別の案は「間接作用」。これは、政治的メディア的に勝負はついていました。少数派だった私どもは、敗北して「軍門」に下りました。これはしかし「確信犯」で、「地球共生系」は恥ずかしい名前だなぁと言いながらやっていました。その程度には生態学者も自覚的であったのです。しかし、幸か不幸か、このキャンペーンはさしたる成功もせず、その後は、さらに具体的な保全プロジェクトなどが通るようになりました。

自然と生物多様性

――「地球村」とか「宇宙船地球号」とか、文脈抜きで使うなら「人類」や「人道」にしても、

とても恥ずかしい言葉です。ところで、「自然保護」と「自然」についてはどうですか。

自然となると、これはもう大変ですが、自然保護は、昔なら希少価値のある「原生自然」であって、典型的には名所旧跡を含めての「文化財保護法」か「国立公園法」的な保護であり、それも「保護」(protection)から「保全」(conservation)となり、さらに「野生管理」(management)まで話が及んでいます。これは「人間と自然」という文脈というか、通念として、たとえば大学のディシプリンとしても自然系と人文系・社会系とあるので、うんざりしながらも、講義の前にひとくさりしなくてはいけない。その文脈で言えば、もう「原生自然」はない。人類誕生以来、「人間化された自然」の程度がどんどん進行してグローバルになっただけ。マルクス的には人間活動も含めて「自然史的一過程」というわけですが、まぁ通用している言葉を逆手にとって、生態学として、伝えるべきことは、この人間の活動の及ぶ範囲と、そのかかわりの程度がどう問題になるかということです。自然遺産というと、尾瀬と上高地と大雪山の「特別保護区」さらに白神や屋久島、知床あたりを、そして文化遺産というと京都奈良の寺院に加えて熊野あたりを想起しますが、どちらも文化遺産にほかなりません。「世界遺産」という括り方の積極性も認めますが、概念上の共有と現実のギャップは、けっこう難題です。この考えは、二〇世紀の到達点ではあるのですが、E・O・ウィルソンの『生命の多様性』を参照して、レオナルド・ダ・ヴィンチのモナリザとボルネオの熱帯林とどちらが大切かという議論を一度はやってみた方がいい。そこで「モナリザ>熱帯林」ではなく、「モナリザ<熱帯林」であるとナチュラリストが主張していることが重要なのではないだろう。いずれも文化的な価値があるという確認ではあるが、それもまだ怪しいところがありそうで、

そんな文化的な価値をいずれも否定してもかまわないような、そこまで言わないまでも、いずれも私には関係ないと言う、ある意味で至極もっともな近代文明のただなかの市民に対して、何が言えるのかということで、そのあたりからの議論をしないといけないという気もしている。ウィルソンも、そこまでは予想していないと思う。

――「絶滅危惧種」と「生物多様性」に話を転じましょうか。

一昔は、生態学も生物学も、おおむね希少価値の高い種を保存することを学術的な責務としていた。ところが、ここへきて、調査のあれこれの不十分さはあるものの、今まで普通にいると思っていた種類までが、どんどん減少して「稀少な存在」になってしまっていることに、専門家は気づいてきた。そこで「警鐘」を鳴らすというスタンスを取っている。これ自体は、私は否定しないし、両生類学者がカエルの存在が危機に瀕していると警鐘を鳴らしていることを、私は敬意をもって耳を傾け、少しでもその保全に手助けできることはしようと思う。しかし、どうするのか。基金のお手伝いはさしてできない。そこで、何が問題なのか。カエルが減っていることの原因は何で、どうしたらそれを取り戻せるのか。それに向かって、何がなされなくてはいけないのか。カエルだけの話ではないと論じる。しかしながら、それは回りまわって人間の存亡の危機になるという警鐘の鳴らし方を、プロパガンダみたいにやってもダメだと思う。やるなら、そのつながりをもっと丁寧に解明してやらないといけないと思う。たとえば、それは淡水環境の悪化を考えることになり、その悪化を引き起こしているのは何かと。そして、そのリスク評価がたとえ正しくても、そうすべきではないと考えるのかどうか。私はこの「プロパガンダ」に敢えて乗るか、冷ややかにカエルとともに絶滅の道を歩むか。この二者択一なら、後者も少しはかっこいいけど、とりあえず私は、その「プロパガンダ」の不十分さを指摘しつつ、それにも身を寄せつつ、もう少しカエルの裏の事情を、じたばたしながら読み込みたいと思っている。

――カエルは、それこそ命懸けで産業資本主義を闘っているということでしょう。絶滅したなら、歎くだけでなく、せめて「記憶の内戦」や「哀悼の政治」を自然科学でもやるべきですね。そうでないとカエルも浮かばれない。

そういうことでしょうね。さらに、もう一つ付け加えると、生態学者はこの間、稀少なものだけが貴重なのではないという考え方にシフトした。もともと生物群集を構成する種には、個体数の多いものと、少ないものがいるのは、生態学の常識でした。種類のヴァラエティを彩るのは個体数の少ない希少種であるが、その存続を可能にしている事態は、ありきたりの普通種の存在でもあるわけです。少ないものだけでなく、多いものも、多いことの意味、価値があって、生態学的つまり学術的に貴重だという論理も、そこを踏まえないといけない。つまり、普通種が稀少になったから貴重になっただけではなく、普通種が稀少種になってしまうくらい生物群集の種の構成が変化したという事態が、尋常ではないという認識が重要なのだということに気づいたわけです。まったく、遅まきですけど。しかもこれは、後に考える生態遷移の理論に照らしたときに、どういうことなのかという話でもあるわけです。多様性の議論も、種の多様性、遺伝的な多様性（進化可能性を担保する遺伝的変異の保持）、生態的多様性（関係の多様性と複雑性）など、いくつかの重要な概念が込みにされているが、通常は「種の多様性」だけが重要であるかのような言説が主流になってしまっており、議論が短絡していることが多いです。

――ちょっと置き去りになりましたが、「生態系」ってなんでしたっけ。

そうそう、生態系については、一言で言うと、これは本来、操作概念のはずです。「生態系」（ecosystem）という概念を最初に提起したイギリスの生態学者タンズレーの定義では、生態系とは生物共同体だけでなく、それにかかわる物理化学的環境を含めた「系」ということです。それが具体的には、物質・エネルギーの何らかのインプットとアウトプットを見立てられるシステム工学でいう「系」として、アメリカのオダム兄弟などによって新たに規定されてから、次第に世間に通用してきたわけで、「琵琶湖の生態系」という記述が容認されてきました。しかし、海洋生態系とか陸上生態系と言ったりしますが、海洋や陸上では、そうした仕切りが不明瞭なので、ほとんど意味をなさないわけです。便宜的な使い方をしているうちに、譲歩して言えば、ほとんどタンズレーの用語法の曖昧さをもったまま、自然と人間を含めた全体として、あるいは人間社会を除いて残りの全体を指すように誤用されたままです。環境省が決めている「環境評価項目」にまで「生態系」が入っている始末です。それが何を指すのか？　という議論をいつでも開始できるので、とりあえず私は逆用することで、その誤用を「評価」しています。生態系管理という言い方も、今では多くの生態学者は平気になっています。環境省の言う「生態系」は、どうやら「生物群集」のことと読める文書もあるのですが、ちゃんとした規定はないようです。池田清彦さんが、「生態系は、あれこれ含んだ系なんだから、それが壊れるなんてことすらないわけよ」というような意味のことを、どこかで言っていましたが、これまた、「生態系を破壊する人間」という発想に見られる誤用を逆手にとっての、皮肉でしょう。

環境評価へのスタンス

――前の質問をさらに具体化する意味で、環境評価にさまざまな手法がありますが、どうですか。

現行の法律で施行されている「環境評価」は、細かいことは省略しますが、廃棄物や水質や騒音、地質地盤、大気汚染など数値規準で「安全性」がクリアされているかどうか。指標化されている動植物の現況ととくに稀少種の分布に影響がないか。文化財、景観上の問題がないか。それに加えて「生態系への影響」を評価する項目が、九〇年代以降に追加されました。

はっきり言って、たいへん科学-技術系に偏重した評価で、それこそ経済の市場分析や社会学的な視点など、新しい企業活動や事業のより根本的な評価は抜きにされているし、なによりも地方自治体レヴェルで、知事意見の形成を目標にしているという限界のなかの話ですから、そこに住民意見を反映するしくみにはなっていますが、差し戻しになることは、まずありません。どれだけ制約をつけるかしかない。もっと抜本的な評価システムが必要なことはもちろんです。それと、評価対象になる事業規模、面積など、かなり大型の事業しか対象になりません。このあたりの法的整備をどこまですべきは、また別途大きな課題としてあると思います。ただ、これを限界ありとして、おとなしい御用学者に任せていると、もっとひどいことになりそうで、せめて「現場」にぎりぎりでコミットしておこうと思っています。そこでは「モニタリング」という事後調査を付帯するのが精一杯ですが。もっと悪質な計画は、その事業計画が自治体に提出される前につぶす、別の運動が必要です。飛行場誘致計画など、自治体が県民の賛成を得られないと「政治判断」した場合のみ、そういう潰し方が可能です。その例がないわけではありません。しかし最近は、不景気ということもあってか、大型事業の計画そのものが減っていますが、分割ないし年次計画化して見かけの規模を小さくして、環境評価委員会にすらかからないものが増えているという事情があります。

——それは現実的で内在的な批判ですが、「科学的」に見たらどうなんでしょう。

手法は分野ごとのそれなりの規準はあります。しかし、「科学的」ということで言えば、それぞれ観測点をどこに何箇所設置して、どれくらいの時間間隔で測定するのかによって、その現況データそのものがブレますから、どこまで厳密にやるかということです。たとえば水質でも生物でも、観測精度は、端的に言って観測自体に投資されるコストに依存します。環境影響評価では、その妥当性が専門家などによって観測精度(とくに頻度)がチェックされます。たとえば河川などの流水の水質は、物質濃度はそれこそ時間とともに変化するので、週一回とか、一日のどの時間に測るかによって、クリティカル・データが抜けた、ほとんど意味をなさない結果が提示されたりもするわけで、データの改竄は論外ですが、皮肉な言い方をすると、それは都合の悪いデータが取れていればその分、観測の意味があったということです。歯止めとして、工場での生産過程で使っている薬品や材料、添加物質など、あらゆる物の使用量とその処理工程までチェックすることもあります。しかし、それでもなかなか実態はつかめないし、環境影響評価委員会の権限には、立ち入り調査までは含まれません。別件で摘発でもされないかぎり、たとえば廃棄物処理を規制している行政部局が、環境影響評価委員会に連動することはまずありません。

——そこが信じられないですね。肝心なところに壁がある。にもかかわらず皆が見て見ない振りをしている。民主主義は工場の門前で立ち止まると言いたくなりますね。医療関係の倫理委員会でも、治療や治験の途中での抜き打ち検査権や停止権限は与えられていません。産業廃棄物ゼロなんて実現するはずがない。そんな不可能な夢を掲げるのは、この例に限りませんが、何かを誤魔化すために決まっています。明らかなことは、現状に対する根本的な批判を封じているってことです。私はそこさえ押さえれば、ダッシュ村も、自然農法も、農本主義も、自然ロマン主義もＯＫと思ってます。

現行の委員会システムの限界ですね。もちろん、それだけじゃないですが。

動植物関係では、実際に分布調査と文献調査が併用されますが、これは専門家が現地へ赴くことは可能です。報告されるデータを、その種の同定も含めて再検討を迫ることはできますし、場合によっては標本の提示を指示することもできます。また、明らかに調査が不足している場合は、調査頻度を上げたり、再調査を要請することもできます。それでもコスト・パフォーマンスは効くので、限度があります。言うまでもなく、「非在証明」は論理的には不可能ですから。しかし、そもそもで言うと、希少種のリストアップ作業が、ここ二〇年くらいで、やっと八割くらいの都道府県でまとまりましたが、内容はまだまだです。それにレッド・データを出すだけでは、法的な規制はないので、環境省のやや古いデータが基本です。今まで指摘されてきた弊害は、種指定されているものだけが法的には保全の対象ですから、ときにはそれを「移植」して別の場所で残せばよいという対策が取られていました。専門家といっても、分類学者がいたり生態学者がいたりですから、対応に違いがでてきます。その「移植」の多くは失敗していますが、それはまさに後の祭りで、そこをチェックする法律・規準すらありません。最近やっと、移植ではダメだという生態学者の意見も取り入れられ、「生態系」項目が追加され、他種へのさまざまな影響、つまり問題の種だけでなく、その生息場所をまるごと保全したり、保全のために必要な面積についての議論もされるようになりました。それでも、その他大勢の種の個体群は、それこそ根こそぎです。山の斜面の林が皆伐され、その運搬費用もかさむとの理由で、そのまま焼却された例も珍しくないし、土壌のバクテリアや菌類などの微生物を含む生物群集など、まったく見過ごされています。表土が剝ぎ取られアスファルトを張られると、地下水だけでなく、そこでの動植物の再生産を破壊し、そのことの環境負荷は、定量的に測定する手法はありませんが、多様性の価値云々よりも、これは重大な問題です。生態学者の怠慢もあります。

確かに生物多様性の価値を訴える世界的キャンペーンは、とりあえず生態学者や分類学者たちが中心になって、一九九三年の「生物多様性条約」の締結になんとか漕ぎ着けて以来の「世界戦略」

ではあるのですが、上滑りも目立ち、見直しの必要も感じています。

また、「循環社会」「持続可能な発展」「地球温暖化」など、それこそ一昔にくらべると、「環境」危機を意識した新しい領域が広がり、環境のことを考えないのは、話にならないという風潮は、「多数派」になりつつある。しかし、バイオ操作、それこそ「生権力」の徹底という位相が表面化していることへの危機意識と裏腹に、エコ操作となると、これは農業以来の人間活動の根底を形成するうえで、容認された常識であり、公共的なレヴェルで規制をするのも当然というふうに考えられているフシがある。これについては「自然保護派」や「環境派」も否定しない。従来の法的な規制があまりにもお粗末であったことから、そして今もそうであることから、そうした法的な整備にも協力する生態学者も多い。外来種をめぐる法律制定も、ドタン場で実効力の点でどうにもならない難点が露呈したと聞きましたが、とりあえず廃案にするのは避けた。これはぎりぎりの判断としてはいいと思いますが、運用面での重要な課題、種の指定は棚上げされたままなので、そこに向けてあれこれの政治的はたらきかけが重要になります。さてしかし、バイオもエコも、それこそ徹底的に政治的にも操作できる対象として、囲い込まれてくる状況に対して、どのようなスタンスを取り、どうするのか。このあたりは、まだ理論的実践的に考えなくてはいけない課題がたくさんあると思います。

生態遷移論の新たな展開へ

――稀少生物の保護から生物多様性の保全へと重点がシフトしたのはうかがいましたが、「里山」などをめぐる議論などについてはどう考えますか。

多様性についてはすでに折に触れてきましたが、生態学者の仕事の糧でもあった、あれこれの面白そうな未知の生物が失われるのは、その立場から「なんとか残してよ」と主張できる。それが私的には囲い込めない場所に生息する場合は、誰かにお願いするしかない。しかし、金銭問題だけで、土地をまるごと買い上げられるなら、そうして保全することも、理論的には可能であるし、「ナショナル・トラスト」運動はそういう発想です。しかしその場合も、保全に適切なエリア（面積）は、その根拠がいつも問題になります。

じつは、絶滅危惧種や未知の生物だけでなくて、愛すべき場所を守るのでもよい。しかし、たとえば「里山」であるなら、それを里山として利用してきた「手入れ」の仕方を、現代的に踏襲してでも、守るしかない。最近のニュースですが、近年の「炭」需要は減ったとはいえ、現実にはかなりの量が中国から輸入されていた。それが中国の山林事情で、輸出できなくなるという。これなどは恰好のチャンスで、コストは少し高くなるにせよ、日本の里山で「炭焼き」を再開すればいい。現在の里山は、放っておいたら照葉樹林になるかどうかは別にして、今までの里山と異なるものになってしまう。ここまでは、従来の生態遷移の理論を援用してでも言える。しかし、草原の保全、阿蘇の放牧地を例にすると、そこでは牛に草食みをさせることで、草本類の多様性が保たれてきた。その牧場経営が別の理由で成り立ち行かなくなることで、その草原の遷移が進行して、灌木が入り、森林化して、多様な草本植物が姿を消そうとしている。里山や草原の保全は難しいことを、植物生態学者たちは指摘している。それらの遷移動態については、じつは生態学的にもまだ満足できるほどには解けていない。

――遷移＝サクセッションのポイントについて。かつて廣松渉が極相を安定状態とみなすタイプの生態史観を称揚したと記憶していますが、これの難点、またそれの理論的な意義と、実践的な意義はどうでしょうか。

廣松渉の『生態史観と唯物史観』（ユニテ、一九八六）ですね。当時は、私もまだ駆け出しの生態学者でしたから、廣松の評価について少し新鮮な感じがして、マルクス主義と生態学の接点をこうして考えるのも面白いと思った記憶があります。梅棹忠夫の『文明の生態史観』（中央公論社、一九五七）へのやや遅ればせの批判的考察でした。でも、そのときの生態遷移論はそれこそ一九二〇年代ころの、クレメンツ流のいわゆる有機体論的な遷移論だということです。そこでの廣松の論点は歴史観にかかわる、とても大きなテーマなので、ここではとても無理ですが、生態遷移論にかぎっていうと、理論的な根拠、つまり安定であるという根拠はなくて、経験的に安定と見えていたにすぎない。定常と安定の区別すらなかったと思います。それは一九五〇年代までほぼそのままです。H・グリーソンという生態学者だけが、当時の主流であるクレメンツの遷移論に反対していたが、その人の再評価は一九五〇年代なかごろ、アメリカのアパラチア山脈で植生や昆虫を調べたR・H・ウィテカーによってなされました。ただし、生態遷移は、それこそ個別の植物個体群の変動でしかないというウィテカーの「生物群集個別理論」もこれまた極論で、なによりも面白くないから、私はあまり評価していません。

それでも、そういうこともあって生態遷移の「原理」のように思われていた「経験則」が、従来言われてきたほど確実でないことも、その後、かなりはっきりしてきた。「こうすればああなる」が成り立たない(本書の別稿参照のこと)。これは、まさしく保全とか自然回復、自然の蘇生などにかかわっての大問題であるということです。ここでは単純な「反復」がないかもしれない。個別の構成種の世代交代という「反復」が単純には成り立たない世界のようです。

たとえば、外来種問題ですが、日本の保全生態学の旗手でもある、鷲谷いづみさんとは、意見が少し違います。むろん外来種問題の深刻さは認めるし、それを放置してよいわけありませんが、その対策としては、法律の問題ではなく、まさしく生態学の問題として、少し別の方策、外来植物なら何でも引き抜くのという乱暴なやり方とは違う対応もとるべきだと考えています。そうした外来種にみごとに乗り換えて生き延びている在来の昆虫もいるし、それこそ、そこで成立している植物だけではない、鷲谷さんが注目する土壌中の埋土種子だけではなくて、そこに眠っている多数の虫たちの卵や幼虫や蛹や成虫に、さらにその他の微生物を含めた全体がどのようになっているかを考慮すべしと。もちろん鷲谷さんもそんなことは百も承知でしょう。しかし、事は緊急を要しますが、それでも、「修復」や「回復」、あるいは「蘇生」と言ってもいいけど、改変の速度や手順をゆっくりとする必要がある。そうでないと、期待される帰結どころか、もっと粗暴な「変遷」をしてしまう惧れがある。さらに失われるものが増える可能性も大いにあるからです。やや雑駁な問題提起ですが、除去するにしても、どれから除くかによって、作用帰結としてはかなり異なる可能性がある。さしあたり「修復」の仕方そのものも、生態学的試行錯誤が必要な段階であると思います。少なくとも、今までの生態遷移論も生物群集論も、まして保全生態学も、まだその答えをもっていない。放置すれば「もとの自然」になるとは、とても言えないし、おなじく、外来種を除去すれば「もとの自然」になるとも言えない。「放置して自然の遷移にまかせよ」で済んでいた「自然保護」の時代が終っているのは事実。しかし、保全目標の立て方、さらにその実現の仕方については、生態学者も手探りです。だから、何もしないのではなくて、そこで何をどうするかは、それこそ生態学的に試行錯誤する。鷲谷提案もその一つにすぎないということです。鷲谷さん自身はたぶんそう思っているはずですが、その周辺にどのような反応が起こっているかが気になります。いくつかの外来種をすべて除去するのは、もはや現実的には不可能です。不可能承知で「目標」とするのにも私は否定的です。これは除去に消極的という意味ではなくて、方法として少し別のやり方もあれこれ考えるための積極的な指摘として、聴いていただきたい。

——何か控えめですが、ここが生態学の先端であり、環境論の最前線であるわけですが、廣松は対自然関係と人間相互の関係を総合しようとしましたが、サクセッションは、人間が介在しようが介在しまいが、それをコミにして自然の変化を摑もうとするわけですね。

さきほどの廣松／梅棹の論点に戻ると、生産力と生産関係の議論として、廣松が受け止めているかぎり、梅棹の生態史観の弱点はあきらかなので、その遷移論の現代的な見直しをしても、議論の基本が崩れることはないと思いますが、廣松が、梅棹にも触発されて、その唯物史観をそれこそ現代の環境問題を射程に入れつつ、再構築しようとしていた課題は、依然として未完であり、昨今の環境経済学の展望を検討するさいに、無視できない多くの論点が出されていると思います。現代の生態遷移にからむ論点が、そこどう接点をもちうるか。これは、私の能力に余裕があれば、考えてみたいとは思っていますが、果たしてどこまでやれるか。

梅棹の着眼として、むしろ注目したいのは、サクセッションを、「主体-環境系の自己運動」とするとらえ方です。これは、人間活動を含めた遷移現象をとらえ、そのオートジェニックな過程が展開する地域と、生産力が低くてアロジェニックに展開するしかなかった地域を区別するもので、サクセッション・モデルの人間社会へのあてはめ、応用とされています。しかし、問題提起としては、従来の生態遷移が、あくまでも人間の関与を抜きにしたところで論じられてきたことへ、従来の生態学の理論への批判としての意味もありそうであると、今の私には読めないこともない。一九五〇年代にどう受け止められたかは、それなりの検討課題でもありそうですが、「生態史観」というのは、やっと最近になって、環境史という言い方で、語られはじめた未踏の領域であると思っていたので、そこで、また旧来の生態遷移論が安易に濫用されないことを願うけれども、まさしく生物学的な生産と人間の経済生産が、それこそ自然史の過程として了解されたはずの、マルクス的視点が、廣松が構想するように、生態史観を包摂して再構築され、現代の課題と有効に接続できるかどうか、いまいちどきっちり検討されてよいが、たぶん、それだけではすまないところにきているように思う。この質問の意図が奈辺にあるのか、まだよく理解できていませんが、とても触発される「脱線」を引き起こした、予想外の面白い質問でした。とても、答え切れませんが、また別の機会にもう少しじっくり考えてみたいと思います。

環境正義を考える

――環境正義に関して、生物資源と特許、農業技術と特許とアグリビジネスが問題にされます。この点について、「純粋」自然学としての生態学から何が言えるのでしょうか。

さて、何が言えるのか。「環境正義」は、とくに私の弱い環なんです。たとえば、遺伝子組換えで問題になったのは、野外での遺伝的な撹乱ですね。それが新たな商品として出るとき、特許がらみは、現状では避けられない。ゲノム情報に関してはオープンになる動きもありますが、それを扱うソフトは特許になりそうです。よくわかりません。生態学からというより、これは基本的に「安全性」の観点から、薬品でも食品でも同じですが、まずは生理学医学の立場からの検討が必要ですが、安全性の検討は、果たしてどのような手続きでなされるのか。検体問題は統計的検定に必要な数の点で、初歩的な基本がクリアできていないことがずっと気になっています。しかも、通常の九五%の信頼限界で判定される科学の常識すら、安全性についてはたぶん甘い基準です。さらに、個体の特異性を考慮すると、その安全基準はもっと厳しくなるはずです。私の弱い、環境正義/生態学ということで言うと、化学合成物や食品や薬品など「生物資源」と銘打って怪しいものが、それなりの「処理」をされたり、されないままに、世界にでまわることの意味が問題ではないか。これはどういう人間にとってどういう作用をするか、とともに、それこそあらゆる生物にとってそれは何なのかが問われるわけで、その点では、現在の安全基準は、はなはだ怪しいことになっている。

これは「外来種」の場合も同じ問題と言えるかもしれないが、生態学的な「異物＝異なるもの」が、それ以外のものに対してどのような作用をもつか。すでに既存の異物を多数取り込んでいる「現状」についてすら、それは適切に評価されているわけではない。アルミニウムとアルツハイマー病の関連が云々されたときも、それが真実かどうかもダーク・ゾーンですが、そういう風評が広がって見直しされるしかないわけです。風評がより安全へ振るのは、冤罪にもなるので問題ではあるけれども、庶民の判断としては尋常です。スギの花粉だって、似たような事態です。アルミの鍋は使わないでおけるが、スギ花粉は、おいそれと防げない。それでも、スギの植林者が告発されるという事態にはなっていません（それはそれでいいのかもしれない）。しかし、どこで「環境正義」が成り立つか。これは、たぶん「主体／環境」の視点から、いかようにも立論できるし、それをすべきであるとは思います。私的には承服しがたいところですが、「喫煙／禁煙」問題も類似系かもしれません。拡散・希釈によって汚染が問題とされなかった事態は、暗黙に無限空間を想定していたわけで、有限空間での汚染の拡散・希釈は悪であるというのが、環境正義であるとすれば、そうなりましょう。そこで一言、たいへん欺瞞的な展開をしていると思うのは、車の排気ガスです。技術的改良は多少あるにしても、この論点がタブー視されているのは、納得いきません。

要するに、「純粋生態学」から言えるのは、繰り返しますが「異物」の取り込みは、歴史的にはたいていの生物群集がなんとか「こなしてきた」ことではあるが、とりわけ産業革命後の世界では、どうにもならなくなってきたということです。さしあたり問題になる「人工物」（薬品も含めた化学合成品、生物体から抽出されたむきだしの成分も）は、まぁそれ自体が悪であるはずはなく、誰にどのような作用をするか。人間についてだけでなく、その間接効果も含めてさまざまな既存の生物についても、それを個別になんとか評価するしかない。でも、これは厳密には実験できません。せめて寿命への影響を測定するのが筋ですが、多くのものは、ただいま「お試し中」です。マクドナルドのハンバーガーを何日食いつづけられるかを果敢に実験した人がいるとか。一週間と持たなかったようですが、これも人によるでしょう。

こうした「異物」管理の徹底は現実には不可能で、やたらな「健康管理」が云々されるのも、大変気になります。ほんとうに重点管理すべきところは、アナーキーに放置され、便宜的に表面的な生命／生態管理が横行する。その中途半端な管理は、それこそさまざまな不公平や差別の土壌になり、とても政治支配的な様相を帯びる。廃棄物やゴミの管理などは公共的側面をもつにしても、その自主管理（企業管理も含めて）と税制がリンクしてなされるべきだし、下水・汚水・汚泥などの処理も含めて、部分的な技術的解決だけでなく、社会・生態的システムのなかでどうするのかを、抜本的に検討しなくてはならないでしょう。

アグリビジネスに、その導入の手前でからむことですが、このところ急速に進められている「農地整備」、水路の拡大や畦の取り壊し、乱暴なコンクリート化工事は、どうみても無用に思えますが、それが大型農機の導入の布石と見抜けば、さしあたりの土木業者への支援策のみならず、近々に進出が可能になりそうな企業向けの露骨な投資であることは明らかで、これは田園・里山の生物多様性が失われる云々といった次元の問題よりも、ずっと深刻な農業の将来の問題であることがわかります。

とっくに手が汚れた動物学者として

――動物倫理に関連して、動物園、植物園、水族館、動物解剖、昆虫標本など、ナチュラリストとしてはどう考えているでしょうか。

たとえば、アニマル・ライト的なアプローチは、成立するならいいのですが、少なくとも現在の日本の文化的状況にあっては、何か直観的にうまくないという印象があります。そこまで言わなくても、動物園、植物園、水族館は、ナチュラリストとしては、生物の生活に極度のバイアスをかけて囲い込んでいる擬似空間なので、そこでは仕事はしません。というか、私のつきあってきた狩蜂など、かなり大きなケージに入れて、獲物になる然るべきクモに網を張らせても、壁面に向かってジタバタするばかりで、どうにもなりません。まぁ基本的に承服しがたいシステムです。いずれも悪であるという議論も立つと思いますが、形態学者や生理学者あるいは病理学者にとって解剖は必須でしょうし、昆虫学者も昆虫の解剖をときには行います。ナチュラリスト研究者といえども、昆虫標本はないと仕事ができません。希少種への採集制限がかかることは同意しますが、それも生息場所ごと保全して、次世代のソースを取らないこと。産卵を終えている親虫を取るだけなら、一年性昆虫なら、個体群にダメージはあたえません。むろん、自己合理化に聞こえるとは思いますが、そう了解してきました。最小限の標本を採ることを許してもらって、論文を書くのが供養という建前です。生態学者は、よりよく食えるというところまで、容認です。数理生態学者はその点、首尾一貫できそうですが、ナチュラリスト生態学者は、すぐさまボロがでてしまいます。まぁ「汚れた手」で右往左往している。

動物園や博物館という、知的財産の「囲い込み」の問題は、たしかにありますが、情報公開や教育的効果として、エコミュージアムという、生きた状態をそのまま「囲い込む」発想もあります。野生種の絶滅に対して、リザーヴ・エリアの役割も果たすとも考えられています。ガラパゴスなど、エコ・ツアーできるエコミュージアムです。人間の立ち入りは適切に制限されなくてはいけません。シャイな動物もいるからね。しかし、管理された「囲い込み」の失敗例もたくさんあります。カール・リンネの時代の「分類して統治する」というのがナチュラル・ヒストリでもあったわけですが、牧歌のナチュラリストよりは、生態学は帝国主義を経験して、やっといくらか民主化されもしましたが、生命／生態政治のただなかで、衰退する「自然」を横目に、別の政治権力を奪取する戦略を取らざるをえない局面に逢着しています。さもなくば、トラとともに絶滅するか！　それとも、世界動物園を擬似的に構想するか。どうやら、この質問には、はめられた感じです。

生物標本の採集が帝国主義的になされてきた歴史的経緯は、見直されて当然です。現在ではかなり多くの国が、標本の持ち出しを原則的に禁止して、「帝国主義的な持ち出し」に対して逆に国家管理をしています。広い意味でのデータ・ベースの必要は認められると思いますが、生物学はどうしても「モノ」が必要ですから、その利用も無制限にはできませんが、開かれた共同利用や相互利用は必要です。動物園などの「癒し効果」など、私はあまり関心がありませんが、小規模の動物園が閉鎖されたり、自治体が予算不足でアップアップしています。無闇な拡大には反対ですが、それらのあり方は、もっと別のアイデアで再構築できると思います。動物園も飼育と観覧だけではなくて博物館や大学などともリンクして、研究者もコミットして、ケージで観察してわかることもあるので、初期投資が難題ですが、もっと多元的な組織機関として再構築するのがいいと思います。ついでながら、アフリカ諸国のナショナル・パークがその一部をナチュラル・パークにして、ツアーはもちろん研究なども現地の研究者と協同でやることがかなり常態化しているし、外国からの研究者などは有料で、しかも審査をして許可制にすればいいと思います。

不毛な環境計算を超えて

——現在、環境論は、ずいぶんと政治や社会科学の領分になっています。環境経済学、環境社会学などです。これをどう評価しますか。たとえば、企業の環境負荷の取り扱い方について、地球温暖化、環境税に関して。

まだ勉強が足りませんが、率直に言って、かなり苛々しています。なぜか。どこから考えているかということで、根本的なところへ向かっていないのではないか。端的には、「地球温暖化」など、シミュレーションの前提が変わったら、シナリオはいくらでも書けるわけです。「温暖化」をはなから前提に、細部を論じてどうするのか、傍らで眺めていても気になります。ほかの領域は侵害しないという「紳士協定」どころか、そのパラダイムで議論すれば、最低基準をクリアできると思っている類の議論が多すぎます。「循環社会」論なども、自然資源からの生産という基本がほとんど見えてこない議論も出会うと、物の流れがどうなっているかを抜きに、何を言っているのかと思います。エネルギー論の粗雑さも目立ちます。また、NGOやNPOなどとの連携もいいけれども、もっと基本の理論が必要ではないか。梅棹「生態史観」は、やはり今読むとどうにもならない粗さが目につくけれども、生態学的な視点とのすりあわせを、もっとまじめにやる必要は感じます。

生態学者も、私も含めてまだ力不足です。それは素直に認めたいですが、人間を含めて、いったいどうするかというときに、どうしてもまだ、環境への技術的な改良で、立ち向かおうとしている生態学者が多いのが現状です。ローカルに具体的な問題へ立ち向かうことは、生態学者はそれなりにうまいのですが、それだけに終わってしまい、大きな社会経済システムをどうするのかについて、展望をもっていません。そこにかかわって、環境論をどこから展開するか。環境税もいいけれども、今のままでは、それがまともな「環境対策」に使われる保証はない。それでも施行せよと言うと、結果的に税収を増やす観点からの導入論になってしまう。逆に不十分だからと反対すると、税を払いたくない企業の反対論と呉越同舟になるという喜劇です。話は単純で、どうすることが「対策」なのかという本質議論をすればよい。それをしないまま、導入時期がますます遅れることになる。炭素だけでなく、大きな環境負荷をかけずに人間は生きてゆけないので、それをどう計算して税として見込むかを検討するほかない。税制の見直しは当然にしてそれを含めてやるべきです。環境にかかわる法的な整備は、いささかはなされてきたものの、まだひどい状況です。ほんとうは「百年の計」どころでは済まない話ですが、せめて長中期展望でどうするのか。計上されている国家の負債には、環境が被っている負荷計算は含まれていないわけで、ほんとうはもっとすさまじい「負債」があるはずでしょう。しかし、逆にストックとして見込める自然資本の計算もあるはずで、その差し引きがどうなるのか。具体的にどうするかはわかりませんが、その試算をまじめにすればいい。評価をめぐる議論はできる。あれこれの因果関係は不明にしても、現実への対応は、紙の上の議論ほどにも進んでいないお寒い状態にある。危機をことさら煽るのはいけませんが、どこから話をするのか。それについては、せめて一次産業の現在と未来について、きっちり論を尽くさないといけない。野生の動植物の話は、もっと先延ばしされるという危機感はありますが、そうして危うくなっているのが、人間の問題としては何なのかという問いを共有して、末端のように見える問題の先端性を、考えてゆきたいと思います。

フィールドの知

——研究資源がより多く分配されるべき、生態学分野はなんでしょうか。

生態学の領域でも、保全生態学を中心に、いまどんどん応用・実学の分野が増えています。かつて、環境科学という括り方で、生態学も包摂されそうになって、現実には、分野として残っていますが、研究費はかなり環境科学へ重点化されているはずです。そのような流れから見ると、私としては、基礎的研究を重視してくださるよう、きわめて保守的にお願いしたいところです。世間でいう「基礎研究」は「応用のための基礎」ですが、すぐには成果のでない中・長期的な研究を私は「基礎」と呼びます。というのも、果たして今、将来まで使えるデータ・ベースが作成されているかどうか、はなはだ怪しいと睨んでいます。これは保全を云々する場合でも、もちろん重要です。私もかかわりましたが、レッド・データなど、自治体レヴェルでこの間さかんにつくられましたが、これこそアリバイ企画で、実態はじつにお寒い状況です。これはまじめにやると、とんでもないコストがかかることは明らかですが、ヘタな保全プロジェクトより、はるかに重要な仕事です。これは、研究予算だけでなく、それを担う研究組織とシステムも含めて改組再構築しないとできません。

――フィールド・ワークから生まれる科学知と実験から生まれる科学知の違いについてはどうですか。

一般論は別にして、生態学でも、近代科学の基本というかテイを為すべしということで、野外でも実験計画を明確にしてデータを取れということが、口を酸っぱくして言われてきました。それはそのとおりで、計画を明確にすると、ある限られたポイントで、データは明確になります。しかし、それ以外のデータは無視されます。実験は、とにかく複数の錯綜する条件をできるかぎり整理して、白黒はっきりしたデータを取る手法ですから、科学の局面分析の常套手段です。フィールド・ワークは、予想外の豊かさと、予想通りの貧弱さをもっている。実験できないことが歴然としてあるのも事実で、理論にもとづいて、新しい見方で野外データを取ることが核心です。最初の観察は別として、ぼんやり何かを期待してフィールドに出るということは、まずありえません。理論あっての、それはもちろんダーウィンの「種の起源」でもいいのですが、フィールドです。野外実験は何かを仕掛けるわけですが、動物行動学者のニコ・ティンバーゲンに倣って、自然がやっている実験を見抜けと言ってもいいけど、実験知はやはり既知の領域の確認であり、フィールドの知は、もちろんいろいろ確かめに行くのですが、教養主義的には未知の領域への冒険のチャンスとも言えますし、ときに逸脱します。ぶっ壊れた世界で生き延びている蜂もいるけど、もう姿を見られないのもたくさんいる。もちろん虫たちにかぎらず、フィールドは、ともあれ物事の起こる現場です。

Ⅳ　生 - 政治

ゾーエー、ビオス、匿名性

小泉義之

七〇年代以降の思想動向の一つに、社会構築主義があります。たとえば、健康や病気というものは、社会的に構築されたものであるとするのが社会構築主義の立場です。健康や病気は、普通は、生物学や医学によって捉えられるものと見なされています。これに対して、社会構築主義は、客観的で科学的に見える生物医学的言説にしても、歴史的・社会的につくり出されたものにすぎないと批判してきました。ところで、社会構築主義の発想の源になったミシェル・フーコーは、『性の歴史』で「生-政治」という概念を提出していました。フーコーは、現代社会は人間を家畜として飼育していると見なしていました。飼育者が家畜を絶えずケアするように、現代社会は人間をケアし、健康・病気・出生数・死亡数のコントロール、衛生管理、感染症対策を最大の政治課題としています。これが生-政治です。ハッキリ認めておくべきですが、フーコーのいう生-政治は福祉社会のことです。福祉社会というものは、何となく薄気味悪く居心地の悪い社会だということです。

ところが、フーコー以降、生-政治、あるいは、生-権力という用語はさまざまな使われ方をしてきました。基本的な用法としては、生命にかかわる政治、生物としての人間、肉体としての人間に関わる政治ということですが、ジル・ドゥルーズとフェリックス・ガタリ、アグネス・ヘラー、ジョルジョ・アガンベン、アントニオ・ネグリとマイケル・ハート、パオロ・ヴィルノなどが、それぞれの仕方で使っていて、非常に混乱した思想状況になっています。それでも現代社会の分析のツールとして有効なので、フーコー以外の用法も見ておく必要があります。

大まかに分類すると、生-政治を否定的に捉えるのが、フーコー、ヘラー、ヴィルノです。その先駆けとして、ハンナ・アレントをあげることができます。否定的に捉えるけれども、そのただなかでかろうじて肯定できるものを見い出そうとするのが、アガンベンです。その先駆けとしてはヴァルター・ベンヤミンがあげられますが、エマニュエル・レヴィナスをあげてみることができます。生-政治の定義を変えて自分の間尺に合わせて肯定できるものにつくり変えるのが、ネグリとハート、そして、生-政治の否定面も飲み込んで根底的に肯定するのが、ドゥルーズとガタリです。

生-政治の否定論者の代表として、ヘラーを見ておきます。七〇年代に、「新しい社会運動」と呼ばれる運動が起きました。これの歴史的な再評価は、最近流行の戦後史や六八年運動史でも欠落しているので、とても重要なテーマです。この新しい社会運動、たとえば、フェミニズム、障害者運動、患者の権利運動、マイノリティ運動を、ヘラーは一括して生-政治と呼んでいます。そして、生-政治であるがゆえにダメな運動であったと否定的に評価する。新しい社会運動のことを生-政治と呼ぶこと自体は間違ってはいません。それらの運動では、性差、障害、病気、出自、血統など、生物としての人間にかかわる特徴が連帯の基礎になっているからです。そこから出発して、新しい社会運動は、さまざまな要求を繰り出してきたわけです。

ところが、これはヘラーも的確に指摘していますが、この生-政治としての社会運動は、近代民主主義やリベラリズムとは折り合いが悪い。むしろ対立すると言ってもよい。ですから、近代的リベラリストを自認するヘラーは、たとえばフェミニズムはメスの運動にすぎないと言わんばかりに、生-政治を罵っています。生物的・肉体的に女であるということは女性としての権利要求や平等要求とは何の関係もないし、出自や血統などを持ち出してマイノリティとしての権利要求をするなどもっての外である。近代民主政治の主体、平等な権利主体は、生物としての人間などではなく、肉体的な差異を捨象された無臭無色の人格である。近代民主政治は、公的には、性差や皮膚色などの肉体的差異は問わないことになっている。特殊で個別的な肉体的差異を乗り越えた、普遍的で中立的な政治を旨としている。生-政治はこの近代政治の達成を覆してしまうというのです。

ヘラーに限らず、リベラリストと生-政治はまったく相容れないと見ておくべきです。この点を調整しようとする議論ばかりがなされてきたためにあいまいにされてきましたが、対立線をハッキリとさせておくべきです。この点から見ると、社会構築主義も、生-政治としての社会運動に対して否定的であることになります。社会構築主義からすると、性差、障害、病気、出自、血統などは、社会的に構築され捏造されたものにすぎないから、そんなものを基礎にした運動は、時代錯誤で野蛮で退行的なものにすぎないことになる。生まれだけで国籍や市民権を付与するネイティヴィズムやナショナリズムと変わりがないことになる。この点もあいまいにしないでハッキリさせておくべきです。

さて、フーコーの分析では、国家権力による生‐政治は、人間を家畜として管理し支配するのをこととします。ヘラーの分析では、運動としての生‐政治は、家畜による家畜のための運動です。ところが、リベラリズムは両者を意図的に視野に入れないし、社会構築主義は視野の端で捉えてすぐに視野から外す。というのも、近代政治は、人間を家畜扱いしては成り立たないからです。近代政治は、生‐政治の現実を見ようとしても見ることができないようになっている。近代政治と生‐政治は、根本的に対立する。国家権力において社会運動においても、近代政治と生‐政治は根本的に相容れない。ですから、生‐政治の現実を捉えようとするなら、従来の図式は捨ててかからなければなりません。だからこそ、アレント、フーコー、アガンベン、ドゥルーズは、古代に遡って事態を考え直そうとしたのです。

ゾーエーとビオス、生‐政治と生命倫理

アガンベンは、古代ローマ帝国に遡って着想を得ています。また『人権の彼方に』を書いたように、人権とか人道といった近代の概念は使いものにならないと気付いています。そのアガンベンは、ゾーエーとビオスという単純な二分法で分析を進めます。荒っぽく言えば、この二分法は、生命と生活、生物と人物、人間と人格、肉体と精神、自然と文化といった二分法に対応しています。

アガンベンは生‐政治の核心をゾーエーの生産として捉えています。ゾーエーとは、たとえば、戦時中の収容所においてただ生きる状態に追い込められた収容者、戦後の病院においてこれもただ

生きる状態で生かされる脳死状態の人間です。こうしたゾーエーが、ローマ帝国における用語を借りて、ホモ・サケル（聖なる人間）と総称されます。すなわち、聖なるものとして俗世間から排除されて包囲された人間、殺しても構わないがその死には何の意味もない人間です。ちなみに、このホモ・サケルは、日本中世史における聖としての非人に相当します。この非人に関しては、網野善彦と黒田俊雄の間で名高い論争がありましたが、アガンベンは、通説化したケガレ論を批判しながら、黒田俊雄の非人＝癩者中核論に相当する立場をとっていると見ることができます。付け加えると、ネグリとハートの立場は、網野善彦の一時期の非人＝職人論に相当します。二人の非人論は生-政治論の先駆けになっています。そこはともかく、アガンベンによると、生-政治は、ゾーエーとビオスを切り離し、ゾーエーを排除して包囲し、そのことによって逆にビオスに対して権力性を貫徹する政治です。そこの理路はアガンベンでは揺れてますが、ゾーエーの生産としての生-政治という観点は有効です。

よく知られたことですが、戦時ドイツで、それまでの伝統に従って人体実験に自らの肉体を使おうとした医者が、「何をバカなことをやってるんだ、人体実験の材料ならいくらでも精神病院や収容所にあるではないか」と同僚にたしなめられたという逸話があります。この点から見ると、病院や収容所はゾーエーを生産して供給する施設だったことになるし、後でも触れますが、戦後の福祉社会はその完成であることになる。アガンベンは戦時体制と戦後体制をこのように連続的に見ている。これに対して、フーコーはそこに切断を見ていましたが、この論点は別としても、ゾーエーの生産という切り口から七〇年代以降の歴史も分析することができます。

七〇年代に成立した生命倫理は、バイオ科学技術や医療が引き起こす事態を問題にしてきました。生命倫理は、基本的には権利論と功利主義、リベラリズムと民主主義によって、つまり近代的なものによって問題を定式化してことに当たってきました。しかし、そのことが生-政治の動向を隠蔽する役割を果たしてきたし、むしろ生-政治に加担する役割を担ってきたと言えます。

人工妊娠中絶問題から捉え直してみます。中絶を女性の権利として主張するプロ・チョイス派は、それを胚や胎児を殺す権利として主張してはこなかった。あくまで、妊娠を停止する権利、自己の身体内の生命体を身体外に排出する権利として主張してきた。これに対して、中絶に反対するプロ・ライフ派は、必ずしも中絶が殺人に相当するということで反対したわけではありません。実際、プロ・ライフ派は、例外的にレイプによる妊娠の場合は中絶を認めますが、その時女性に殺す権利が発生するとはさすがに主張できなかったからです。ところが、一連の判例を通して、国家には胚や胎児の生命を保護する国益や法益があるのだと繰り返し宣言されてきた。そして、最近になって、胚や胎児は極めて有用な研究資源や産業資源として見直されてきた。すると、こうなります。中絶の権利は、女性がゾーエーとしての胚や胎児を生産して国家や研究機関や産業に差し出す通路になったのです。こう言ってもよいかと思います。いまやプロ・チョイス派とプロ・ライフ派を調停する唯一の道は、胚や胎児を体外へと排除し、それを権力が包囲しゾーエーとして生かす道しかないということになった。中絶論争は、このようにゾーエーを生産する生-政治への道を準備したのです。

生殖技術は、不妊治療を名目として始まりましたが、これはまさしくゾーエーとしての胚の生産技術であると言うべきです。体外受精技術でできた受精卵が余るので産業利用するというのではなく、事態はまったく逆で、体外受精技術によって生産された胚の余りを、不妊治療に使用すると見た方がいい。

脳死問題も、同じ観点から捉え直すことができます。脳死状態の人間が、死物ではなく生物であることは、脳死定義や脳死判定基準に賛成する人も反対する人もわかっていることです。死んだも同然の生きたモノだと誰もが思っている。それはゾーエーです。ですから、脳死状態の人間に生命兆候が見られるとか自発的運動が見られるとか指摘したところで批判になるわけがない。現在、脳死・臓器移植に関しては、事前に同意していない限り臓器は利用されないという承諾意思表示方式がとられていますが、今後は、事前に拒絶を表明していなければ臓器は利用されるという反対意思表示方式に移行する動きが見られる。それと歩調を合わせて、胚、胎児、胚性幹細胞、脳死状態の人間、治験に参加する病人、要するにゾーエー全般について、法的・制度的に一括して管理・支配しようとするプランが作成されている。しかも、さすがにゾーエーを権利主体とは言えないものだから、とにかくゾーエーには「生命の尊厳」があると呟かれる。尊厳があるから大切に扱う、尊厳があるから生かす、尊厳があるから無駄に死なせない、というわけです。聖性が尊厳に置き換わっただけの、ホモ・サケルの現代版です。このようにして生‐政治は完成に近づいている。加えて、ゲノム解析は、人間の遺伝子レベルの情報をすべてデータベース化します。生‐政治は分子レベルにおいてもゾーエーに介入し始めています。

政治や倫理の争点は、ビオスからゾーエーに移行してきた。ゾーエーの扱いをめぐってビオスで争いが起きている。ですから、従来からのビオスにとどまる政治は意味をもたなくなっている。そして、生‐政治は新たな段階に入っている。ところが、私たちは、「生‐政治」という標語以外に、その段階を適切に語る言葉をもってはいません。ですから、問題提起をかねて、少しばかり挑発的に述べていこうと思います。

匿名性と固有名

匿名性という問題に引きつけて考えてみます。これまで固有名が哲学の分野を越えて話題になってきましたが、匿名とは、その固有名の対義語として理解できます。ただ注意しておきたいのは、従来の議論は、固有名としては氏名のことだけを考えていました。その氏名にしても、戸籍や住民票に登録される名前のことです。ですから、従来の固有名の議論は、全国民と全住民を氏名で把捉する近代国民国家の枠内でなされる議論でしかありません。そこを踏まえながら、固有名＝氏名と匿名について考えてみます。

普通、固有名が指示するものは、特定の人格、権利や義務の主体であると見なされています。近代国家は、登録させた固有名を介して各人を把捉します。権利や義務の主体として、選挙権者や納税者として把捉する。ですから、近代においては、固有名を明らかにすることは基本的には望ましいことになります。たとえば、署名すること、名乗り出ることは、近代的主体にふさわしい責任を引き受けることで、それはよいことになる。これに対して、固有名を隠すことは、権利を放棄するだけでなく、責任を引き受けないことになります。それは、どこがいかがわしい振る舞いになる。と同時に、固有名を隠して捨てることは、近代国家の把捉から逃れることにもなる。いずれにしても、固有名を示すことと、固有名を隠すことの、どちらがよいかは、場合に応じて違ってきますが、それは結局のところは近代政治の枠内のゲームにしかなりません。

従来の固有名論は近代国民国家の枠内のものですから、それによれば、固有名は基本的には人格を指示します。ところが、生-政治においては、固有名は人格ではなく肉体を指示します。あるいはむしろ、固有名を指示語として使うというより、固有名を肉体の指標として使います。生-政治が把捉しようとするのは、権利と義務の主体ではなく、個別的な肉体だからです。生-政治においては、あなたが誰であるか何であるかは問題ではありません。あなたの肉体が何であるか如何なるものであるかが問題です。ですから、生-政治においては、基本的には、固有名は意味をもちません。固有名などなくても、背番号で充分です。固有名が隠されていても、匿名が保証されていても、個々の肉体に指標が付いていれば充分です。ですから、ここは強調しなければなりませんが、固有名を隠したところで、生-政治から逃れることにはならない。特定の情報から個人名を割り出すことができないようにしたところで、個人情報を保護したところで、生-政治にとっては痛くも痒くもない。

このように固有名と匿名に関しては、近代政治と生-政治は違う戦略をとっているので、固有名を称揚すれば済むわけではないし、かといって、匿名性を称揚すれば済むわけでもありません。国民総背番号制にしても、どの政治的な文脈で、どの段階で、どんな立場で考えるかによって、とるべき態度は変わってくるはずで、賛成か反対かを簡単に決めるべきものではありません。ここは詰めて議論されてこなかったところですので、少し迂回します。

「小泉さん、あなたはガンです」と医者に告知されたとします。この場合、ガンであるのは、小泉という名前で指示される人格ではなく、小泉という名前が指標になっているところの肉体です。だからこそ、ガンを告知されると、人格を全否定される気持ちになるし、人として為す術がなくなる。ガンであるこの人間にとって、小泉であるということには何の意味もありません。小泉であることに伴う地位や身分や権利や義務など夢幻のようなものです。別の角度から言ってみます。「私こと小泉はガンです」とカミングアウトしたとします。そんなことをしても、ガンが良くなったり悪くなったりするわけではない。ゾーエーを生きる者としての私にとっては、得るものも失うものもない。しかし、ビオスを生きる者としての私にとっては、影響甚大です。大いに得るものがあるでしょうし、また失うものも多いでしょう。カミングアウトは、ゾーエーには何の影響も及ぼしませんが、ビオスにおいては得失をもたらします。このことはガン告知についても同じです。

さて、近代政治は小泉がガンであるか否かは気にしないことになっています。小泉がガンであろうがなかろうが、小泉には権利と義務がある。これに対して、生-政治は、小泉がガンであるか否かだけを気にすることになっています。ガンである人間が小泉であるか否かは気にしないことになっています。ガンである人間が義之であろうが純一郎であろうが、ケアとコントロールを事とする。もちろん例外だらけですし、近代政治と生-政治は絡み合っていますが、事態をクリアにするために両者を分けて考えていきます。このように区分したとき、はたしてガンなどの病気情報は、誰のものなのかということになります。そんなに簡単に決まることではないと肝に銘じる必要があります。

あらかじめ私の基本的な立場をザックリと述べてしまいます。私は、固有名が無意味になるゾーエー、否応なしに匿名化されるゾーエーにおいて、ある一つの別のビオスを立ち上げることが、新しい生-政治として追及されるべきだと考えます。この観点に照らして、個々の問題に対処したい。ゾーエーから立ち上がる別のビオスということで私が思っているのは、たとえばＨＩＶ感染者の運動です。その連帯の基礎は、ＨＩＶに感染した肉体にありますから、それはまさに生-政治の運動です。ところで、ＨＩＶ治療アクティヴィストは、ＨＩＶとＡＩＤＳの治療薬を開発するために、自ら治験をデザインし、自ら被験者として参加し、薬物の認可と販売に関しても積極的に関与しました。つまり、感染した肉体を基礎に連帯し、感染した肉体を活用する新しいビオス、ライフスタイルを創造したのです。このビオスにおいては、固有名には何の意味もない。名前などどうでもいいし、名前を出すか出さないかなど問題にならない。番号で呼ばれても一向に構わない。このことは、近代政治の支配下からは逃れることです。実際、病気からの救済を渇望する人間にとって、近代的な権利や義務が一体何の役に立つでしょうか。同時に、このことは、生-政治の支配下に入り込むことです。しかし、そこで別の生-政治を闘い取ることなのです。私がガンであれば、そんな風に生きたい。病人には同病相哀れむ以外のライフスタイルがあるのです。それと、病気になったら人生のほとんどはどうでもよくなる。それらどうでもよくなるほとんどは、病気でなくても、実はどうでもよいものなのではないでしょうか。ですから、私がガンでなくても、そんな風に生きたいし、それがどんなビオスになるのかを追及したい。

とはいえ、ここに生-政治のせめぎ合いがあります。先日、驚いたのですが、新聞の折り込みに、全般性不安障害なる症候群の治験に参加する人間を募集する広告が入っていました。不安障害があると自分で思い込んでいる人や思い込みかねない人を集めて診断を下し、診断基準を満たした人に治験参加を依頼するというのです。これは、不安障害患者なるものを創出し、取り集め、新薬物の被験者にして、消費者として規律・訓練するものであり、徹頭徹尾、資本の論理に貫かれた生-政治にすぎません。率直に言って、不愉快な動きではあります。しかし、同時に、全般性不安障害なる症候群で括られる人間たちが、新たな連帯とビオスを立ち上げるチャンスでもある。もっと強く言えば、薬物の開発と生産、薬物の効果と利益を、自らに奪取するチャンスでもある。それは真の意味でのドラッグ戦争です。

このような争いは、ゲノム創薬の時代において、とても重要になります。今後、ゲノム解析の進展とともに、聞いたこともないない病気や症候群が構築され、次々とその肉体的な素因が指摘されることになる。そして次々と新たな病人の集団、新たな病気予備軍、新たなポピュレーションが構築されていく。それは捏造に近いものですが、それでもそこに何ほどかの真理は宿っています。そのわずかな真理に根ざした新たな主体化が求められます。とにかく、従来のビオスの区分、階級や身分や国籍や市民とはまったく違った区分が、ポピュレーションとしてつくり出されていく。だからこそ、別の生-政治を展望しておかなければなりません。一言でいえば、ゾーエーの力、つまりは、生命の力、これを活かす生-政治です。

ゾーエーの情報はすべて公開せよ

生‐政治のせめぎ合いが見られる人種と障害についても少し述べてみます。

人種については、これはまともな生物学的概念でも科学的な概念でもないと指摘することがお約束になっています。人種なるものは、歴史的社会的に構築されてきた、あるいはむしろ、捏造されてきた概念にすぎないと批判することもお約束になっています。それはそのとおりです。ところで、社会構築主義はその批判を必ずこう始める。人間集団には、外見や見かけの違い、姿形や皮膚色の違いはあると。ところが、社会構築主義は、白人種に数え入れられる人間にも皮膚の黒いものがいるし、姿形の違いは人間集団の分類基準には使えないと指摘する。ここはそのとおりです。すると、あとは簡単です。出自や血統などは何世代か遡ればわけがわからなくなるから、どう考えても、人種分類に客観的根拠などないことになる。だから、人種を基礎にした政治も、人種をめぐる言説も、すべてがバカげたものであることになる。ここもそのとおりです。

しかし、この議論の流し方には問題があります。その善し悪しは別として、私たちは人間の違いを見かけで判別している。社会構築主義にしても、見かけの違いがあることは認め始めている。では、この見かけの違いは、何ぼのものなのでしょうか。見かけの違いの意味は何なのでしょうか。見かけの違いがたんなる錯覚ではないとしたら、それは科学的にどう解明されるのでしょうか。そして、私たちは、見かけの違いを正しく知覚するにはどうすればよいのでしょうか。こうした問いを、社会構築主義は手付かずのままに放置してしまう。だからこそ、社会構築主義などの近代思想は、ブラック・イズ・ビューティフルというスローガンや、姿形にプライドをいだくマイノリティや、外見が深くかかわるセクシュアリティの射程をうまく理解できないままにきた。とりわけリベラリストは、それらを植民地主義的な人種主義の遺制としか見ることができない。

ここで政治的に詰めるべきことは沢山ありますが、まずはこう考えるべきではないでしょうか。人種は厳然として存在する。そして、人種の違いとは、姿形と皮膚色の違い以上でも以下でもないと。問題は次のステップです。次のステップをどう辿るかが決定的に重要です。私はこう進めます。次に問うべきは、どうしてそんな違いが生まれるのか、どのようにして系統発生的にも個体発生的にもそんな違いが形成されるのか、ということです。そのことには、まったく手が付けられていない。アフリカ原人の皮膚色はわからないし、白い皮膚色がどう形成されたかもわからないし、体型の違いにどれだけ血統と環境が寄与するかもわかっていない。この辺りは何を言っても出鱈目になる領域です。そんな茫漠とした状況に、姿形と皮膚色の違いだけが浮かび出ているといった具合です。ここから抜け出ることが大切です。

九〇年代の分子生物学上の最大の発見は、形づくり遺伝子＝ホメオボックスだと言えるでしょう。これは、生き物の形態形成を制御するとされる遺伝子群です。ホメオボックスに変異が起こると、ハエの胸部が腹部になったり、体節が消失したり、触角の代わりに脚が生えたりする。生き物の変身を制御する遺伝子なのです。進化とは、系統的に生き物が変身することだから、ホメオボックスの働きを解明することは、進化の秘密の解明につながる。とはいえ、ここでもわからないことだらけです。生き物の姿形が遺伝子の制御を受けていることはわかったにしても、どのような発生プロセスと進化プロセスで個体が変身するのか、どのように姿形と皮膚色の違う集団が分かれてくるのか、そんな素朴な疑問に答えられる段階にはとても到ってはいない。ですから、当面大切なのは、ゾーエーにおける姿形と皮膚色の違いの解明が、ビオスにとってどういう意味をもたらすのかをよく考えることです。姿形と皮膚色が違うことを、クールに科学的に探究し、そこで明らかになる真理に学びながら、人間の違いの正しい見方をつくり上げていくことです。

身体の障害についても、大体は同じように考えています。背丈のとても小さな人間がいる。私とは姿形が随分と違う。人間の肉体にはそれほどの可塑性がある。そこにまず驚かなくてはいけません。それこそがゾーエーの力、生命の力です。その違いの由来を探究することを通して、そこから染み出てくるビオスがあると思いますし、そう希望しています。障害をもって生きている人間、病気をもって苦しみながらも生きている人間がいる。姿形や皮膚色が多様であることに心動かされるのと、まったく同じようにして、障害者や病人の肉体に心動かされる。心を動かすものは、多様な姿形を生み出すゾーエーの力、生命の力です。私自身はこのことだけわかっていれば充分だと思っていますが、この俗世間ではそうもいきません。この俗世間の生-政治は、多様な生き物のあり様をまるごと肯定しないようになっているからです。ですから、それに対抗して、別の生-政治を語りたくなるし、語るべき場面も沢山ある。けれども、私は、それをうまく言い表わせる言葉を、残念ながらまだもってはいません。本当に力を貸してほしいところです。

生-政治における固有名と匿名に戻ります。個人の病歴などをデータ化し、個人カードに記録することに関して、病気の治療や予防に役立つとか説明されてますが、そんなことウソでしょう。ところが、それへの反対意見としては、個人情報の秘密を保護できる保証がないからというものしかない。つまり、一部の専門家が個人情報を握ることは完全に不問に付している。そんな具合に、中途半端な反対をするからダメなんです。どうして行政や警察や専門家だけに、個人情報を引き出す権利を認めてしまうのか。この問題は、出自や門地をめぐる問題と同じです。それを公開したら、たしかに現状では差別される。そのとき悪いのは、公開することではなく、公開情報を使って差別する側です。いまさらこんなことを確認するのも情けないですが、出自や門地の情報が公開されたところで何の問題も起こらない社会をつくり出すべきなのです。ところが、国家と行政が情報を独占し利用することは認められてしまう。要するに、この類の問題は二つに一つです。一切の戸籍や関連文書を焼却し一切の戸籍制度を廃棄して、国家を含めた全員が知ることができないようにするか、あるいは、一切の情報を全員が知ることができるようにするかです。これに比べれば、病歴情報の問題は簡単です。一応、それは全員の病気治療に役立つとされている。しかも先に述べたように、生-政治は個人名復元には関心を払わない。とすれば、全員が全員の情報を知ることができるようにすべきなのです。科学技術は万人のものです。病気情報も万人のものです。万人が万人のために活用すべきものです。よく個人の遺伝子情報を保険会社が知ったら差別が起こると批判されます。資本の論理に従う雇用者と保険会社が独占するなら、間違いが起こるのは当たり前です。これもあらためて言うのも情けないですが、悪いのは、公開することではなく、差別することです。だからこそ、雇用者と保険会社職員の情報も含めて、万人の情報が万人に公開されるべきなのです。

ゾーエーとしての肉体も、その情報も、個人のものではありません。では、それは誰のものか。万人のものなのか、それとも、一部の権力者のものなのか。それが生‐政治の争いです。

ノーマライゼーション？　バリアフリー？

生‐政治のせめぎ合いの別の例にも触れておきます。ノーマライゼーションが流行っています。ところが、バイオ科学技術が進展すれば、ノーマルという概念とともにノーマライゼーションも吹き飛びます。人間は、誰でも病気になるし、病気の素因がある。人間は誰でも潜在的には病人です。健康で正常でノーマルな人間などという理念は意味がありません。それだけではありません。バイオ科学技術は、分子レベルで人間を解析しますから、膨大な量の病気の因子を引き出します。そうなると、少数の因子だけ見て、平均だとか標準だとか言っても何の意味もありません。ノーマルなガン患者など考えられません。ましてや、ノーマルなガンのリスクを抱える人間など考えられるはずもありません。

バリアフリーも流行っています。これにはほとんどの人が賛同しています。反対するどころか、疑いすらもってはいません。でも、それでいいのでしょうか。七〇年代の障害者自立運動は、車道と歩道の段差はあってもいいんだと主張したことがあります。逆説を弄しているように見えますが、その主張のポイントは、目につくバリアを除去するだけでは、障害者差別が社会の中で構造化されていることが見えなくされてしまうということです。それならむしろ、社会が差別的であることを人びとに知らしめるために、バリアを残した方がいいということです。そうは言っても、バリアは減ったほうがいいと言われるでしょう。七〇年代の運動は、そんな風にして成熟してきたわけです。しかし、重大なのは、その成熟のせいで、障害者自立運動が指摘した肝心なことまでが忘れ去られてきたことです。そもそもバリアを完全に除去できるはずはありません。完全にできるはずがないのに、人びとが手軽に資本を投下できる改良で満足して良心を慰めてしまうこと、これがまさに構造化された差別なのです。そこに気付きさえすれば、あるいは、充分に成熟しさえすれば、段差をなくす以外のさまざまなやり方に思い至るはずです。歩道に放置自転車があるなら、駐輪規制で騒ぐのではなく、車道を一車線、車椅子と自転車に解放すればいいのです。段差をなくして坂にするよりは、むしろすべての交差点で横断歩道を歩道に合わせて高くすればいいのです。健康診断書を廃止するとか、面接試験をやめるとか、やれること、やるべきことは、いくらでもあります。

にもかかわらず、バリアフリーだけが騒がれるのは、それが建設業界に新たな仕事を与えているからです。無駄な公共事業に対する批判をかわすために、バリアフリーな建造物、環境や景観に配慮した街づくり、安全な街づくりなど、政治的・道徳的に正しい名目を利用して、公共事業の投資先を変えているわけです。いかなる口実であれ仕事を創出することは悪いことではないでしょうから、どうぞ勝手にやって下さいという感じにもなりますが、そんなもので何かが解決するとナイーヴに信じるのはどうかしてます。しかも問題なのは、政治的・道徳的に正しい街づくりが、建設費や家賃を押し上げ、中産市民階級だけが利用できる街をつくり出し、結果的にアンダークラスを排除するゾーニングを推し進めていることです。健康や安全に配慮する生-政治に任せてもロクなことにはなりません。

そんな生-政治の典型である監視カメラと健康増進法にも触れておきます。家畜を監視し、家畜に健康増進を義務づけているわけですが、それに対する批判は空振りに終わっています。監視カメラや分煙は自由を制限したり剝奪したりするという批判が出されてきました。これは東浩紀氏が鋭敏に感じとっていたことですが、その奪われた自由が何であるかを言おうとすると、自動改札機を越えて無賃乗車する自由とか、立小便をする自由とか、電車内で煙草を吸う自由とか、煙草を吸って死んでも構わない自由とか、そんな言い方しかできなくなってしまう。ここに罠があるわけです。政治的・道徳的に正しい健康の生-政治を批判しようとすると、すべての犯罪は革命的であるとか、死ぬことが怖くて生きていけるかとか、不良や非行がないと息苦しいとか、もちろん私はそんな言い方は好きですが、まあ聞いてはもらえない繰り言にしかならない。この罠を回避するには批判の矛先を変えなければなりません。とにかく健康の生-政治は、無駄ですし、どこか間違っているのですから。

まず私自身は、監視カメラによっても健康増進法によっても実害を被っているわけではないと認めておきます。監視されても気にならないし、建造物内部のいたるところで分煙を守っているので、私の自由の量は変わってはいません。その上で、対決線を引き直します。

最近、街路で犯罪が起きると、警備員が配置され監視カメラが設置されます。それで安心する市民がいます。見られているから安全だというのです。冷静に考えればわかりますが、安全であるはずがありません。そもそも警備員も警察官も事件が発生した後にしかやってこない。確かに犯罪はそこでは起きにくくなるかもしれませんが、別のところで起きるのを予防できない。にもかかわらず、安心する市民がいます。つまり、そんな市民は、自分は安全な人間であるから見られても疚《やま》しくはないと思っている。むしろ、見られることによって、監視の目に自らをさらすことによって、自分が疚しいものではないことを確認している。監視されることが良心の証しになっている。そんな市民にとっては、監視に引っ掛かるのは、外見のおかしな人間、姿形の怪しい人間、疚しい人間ということになります。そのようにして良き市民は、見かけの違う人間を監視し排除するのに協力しているわけです。

ですから、監視は、市民の自由を侵害しているどころか、市民に疚しくない良心を与えている。それだけでなく、見かけの違う人間に煩わされずに振る舞う自由を与えている。監視は、良き市民の自由の量を増やしているのです。そしてそのことで、監視は、市民から見て怪しげな人間の自由を奪っているのです。この自由の不当な配分こそが批判されるべきです。

最後に、生殖技術や遺伝子操作技術についても述べておきます。各種の生殖技術にはリスクがつきものです。障害をもたらすリスクです。遺伝子改造技術で優生を実現することなど不可能です。生殖細胞の遺伝子に介入すれば、確実に障害を発生させます。だからということで、人びとは、慎重にならなければいけないと反対します。私は逆です。だからこそ進めましょうと主張します。未見の障害を発生させる可能性、未曾有の変異を生きる人間を生む可能性があるからこそ進めるべきです。

率直に言います。私は、障害者がたくさん生まれた方がいいと思っています。その方がよほどまともな社会です。街路が自動車によってではなく、車椅子や松葉杖で埋められている方が、痴呆老人が徘徊している方が、意味不明な叫びを発する人間が街路をうろうろしている方が、よほど豊かな社会だと思います。むろんそのことでトラブルは起こるでしょう。しかし、無責任に聞こえるかもしれませんが、あるいは、聞いてはもらえないかもしれませんが、トラブルのなかで互いに争って学んでいけばいい。その方がよほど楽しい社会です。監視されて安心し、排除して安心する、そんな生活のどこが楽しいのでしょうか。不安を掻き立てられ、良き市民生活の維持に汲々とする、何が悲しくてそんな人生を送るのでしょうか。生-政治の下で、緑溢れる小奇麗な牧場で保護され配慮され飼育されることが、一体どれほどのものなのでしょう。

ですから、生殖技術や遺伝子操作技術や出生前診断や選択的中絶に批判的な人びとに呼びかけておきたいのですが、いかなる障害やいかなる病気であってもすべての胎児を生むべきであると断固として臆することなく主張すべきです。そう主張しないと、反論にも批判にもならないと自覚すべきです。世の中の大半の人は、とくに医療専門家のほとんどは、明らかに優生思想の持ち主です。そのことが直ちにナチス・ドイツのような優生社会を招き寄せるとは私は考えていませんし、少なくともそんな批判を小出しにする前に、いかなる人間でも生むべきであると真正面から主張すべきです。きちんと喧嘩を買うべきです。その覚悟のない人には批判する資格はありません。

生-政治のせめぎ合いにおいては、生き物としての人間、ゾーエーとしての肉体を新たな別の仕方で考え直さなければ展望は開かれません。私たちは生まれて老いて病んで死にます。生んだり生まなかったりして死にます。そのことをめぐってさまざまな思いに捉われ振り回されます。そこに付け込んで、生-政治が介入してきます。そのとき近代的なものは役には立ちません。近代は、生老病死など経験しないかのような主体を想定してきたからです。しかも、現在は、生-政治と近代政治が奇怪な混合物をつくり出しているために、いろいろなことが見えにくく難しくなっています。こんなときだからこそ、私たちは、ゾーエーに立ち返り、ゾーエーからビオスを立ち上げる必要があります。私は、フーコーが晩年になって、家畜に配慮する生-政治に対抗すべく、生存の美学、生存の技法、自己に対する配慮ということで探究しようとしていたのは、そのようなことだったと思っています。心ある人びとともに、それをリレーしたいのです。

生存の争い

立岩真也・小泉義之

生命倫理への問い

立岩　昨年（二〇〇三）の『現代思想』一一月号の特集「争点としての生命」に載った「受肉の善用のための知識――生命倫理批判序説」で小泉さんは生命倫理学に喧嘩を売っているんですが、そこでやり玉にあがっているのは、臓器移植だとか脳死だとかの是非を議論するいわゆるバイオエシックスというよりは、とりわけここ二〇年ほどおびただしい言葉が重ねられてきた「死生学」であるとか、「ケア」のなんとかとか、「臨床」なんとかといったものであったと思います。僕もいくらかはそういうものを読んできて、それに対してなにがしかの不全感を抱いてきたので、そこのところで共感するところはあった。しかし、では喧嘩売ってる小泉さんの方は代わりに何言うの、という疑問もあったし、言えるなら言ってほしいという期待もある。そこから始めます。すこし長くなります。

とくに自分に内在的な理由からとかではなく、看護学校でバイトするからとかそんな理由で、そうした数ある、多くは互いに似通った本をいくらか見たことがあって、これじゃ足りない、そしてさらに、まずいかもと思ったことがある。そして、ためになるから読むというより、そうした言説をチェックしておく必要はあると思ってはきました。そしてでは自分は何をするのか、何ができるのかということも考えてきました。思ってきたことは三つあります。

一つは、そんなことは言われてなくてもわかっているよということです。いまさら何言ってるんだろうと思えてしまう。病気になって体が弱って、気も弱ってくる。そうなったときに、その人にやさしくしてあげよう、その人が気持ちよく暮らしてた方がいいよと言うわけです。しかし、そうしたこと、弱ったときにはとりわけ気持ちよく暮らしたいといったこと、それはいっぺん言われればわかる話です。そして、言われなくてもたいがいの人はわかっている。それ以下でも以上でもない。

もちろん、それがなぜこの世でなかなか実現しないのか、それでどうすればいいのかということは考えないといけない。それはそうだと思っていて、だから私はその部分の仕事はするようにしてきました。けれど、その手前の部分については、もうわかっているということです。その話を何十年も繰り返ししゃべっているというのは何なんだろうと思う。もちろん、お客も更新されるでしょうし、新しいお客に同じ話をずっとしていればよいということはあるのかもしれません。しかしそれにしても、と思う。

二つめは、とはいえ、自分がそろそろ死にそうだということになって、死ぬのはやだな、怖いなと思う。それから、死ぬこととはまったく別のことだと思いますが、体が痛くて、痛いのはいやだと感じる。そういうことに関して死生学だの死の臨床だのが何か言ってくれているのかというと、ほとんど何も、少なくとも私にとってはありがたいことを言ってくれたりはしていないのです。ありがたい話以前に、何か言ってくれているという感じがしないわけです。その言説は何を言っているのか。一つは死後の生といった、いわゆる宗教的なものに向かうベクトルがあるでしょう。ただ死の臨床や死生学は表向き特定の宗教に属さないかたちでやっているので、そこはあいまいになっている。すると結局、やさしくしてあげようとか、話を聞いてあげようとか、一番目の話を繰り返すことになる。もちろん他方には、宗教のようなものを持ち出して、死んでも生きているんだよという話をする人たちもいる。それはそれでよいのかもしれない。ただ、多くの人はそんな話を聞いても、自分の悩みから解放されたとはきっと思わない。そういう意味では得るものがない。

三つめは、「よい死」というお話に滑っていくというか、それをはじめから内包してしまっているというか、それが気になってきました。死ぬ手前の人生をよく生きようという話はよくわかる。よくない生はよい生よりよくないでしょう。けれども、よくない生よりよい死がよいと言うのです。もちろん、そこで言われる「よい死」は、実際には死までのよい生の過ごし方ではあります。ですから実質的にはよい生のことです。しかし、ときにそれが実際に死の方に滑っていく。「単なる延命治療」という言い方があります。そういう言い方をすることによって、「よくない生」に対して、「よい死」を対置させる言説に滑っていく。そしてここでは本当に人は死ぬわけです。そのように論理のなかですべっていくものが気になります。

まとめると、一つめは、その通りだけど、そんなのわかっている。二つめは、痛いとか死ぬとかについて何か言ってもらってる感じがしない。三つめ、よい死がよくない生に対置されてしまっている。

一つめの話については、だれでもわかることを確認したら、その次を考えればいい。つまり生きるためにどういう手だてと仕組みがあったらよいのかということを考えて、それを書けばよい。これはさっき言いました。実際、そう思って、ずっと書いてきました。例えば介助のことを『生の技法』（共著、藤原書店）に書いたし、『弱くある自由へ』（青土社）に書いています。加えると、そこでは、介助がいる時、いつも人はやさしくしてもらいたいわけではないということ、親密さが必要なわけではないことも書きました。ケアを語る言説は当たり前のことしか言わないとさっき言いましたけど、他方では、こういう当たり前のことは書かない。これもまたよくないことです。

三つめに関しては、これはちょっと捨て置けない。それについては言わなきゃと思う。言われているのは、簡単にすれば、こんな生よりも死ぬことの方がいいじゃないかという話です。でも、死んだ方がましな生というのは何だろうか。やっぱりその話はおかしいと言わなきゃいけないと思う。それで安楽死のことなんかを考えて、書いて、それも『弱くある自由へ』に収録してもらいました。

けれども、二つめは私の手には負えないと思った。何も言えるように思えないから、何も考えず、何も言わずにきたんです。けれども、小泉さんは、僕がパスしてきた二番目のことについて、臨床なんとかケアのなんとかが何も言ってないと言って批判した後、自分は何か言うぞと言うわけです。

ここのところを聞きたいんです。

小泉さんの本は、最近のは幾つか目を通していたんですが、職場の同僚であるにもかかわらず、デカルトについて書いた最初の二冊は読んでなかったんです。対談するってことで、ようやく五日ほど前に読んだんですが、これはすごくおもしろかった。最初の本の『兵士デカルト』で既に、苦痛や老いについての考察が重要な位置を与えられています。そして二冊目の『デカルト＝哲学のすすめ』ですが、そこには「病気であるときに健康でありたいと欲望することはない」とデカルトが言ったと書いてあるんです。病気のままでいる人が、病気じゃなくなりたいとは思わないというのです。これはなんだ、どういうことなんだと思います。

これは、障害に関してはけっこう言えることです。「障害はない方がよいに決まっている、とは決まっていない」というのは、苦しげな言いぐさに聞こえるかもしれないけど、考えてみると、そうでもない。

このことは「ないにこしたことはない、か・1」（石川准・倉本智明編『障害学の主張』明石書店）に書きました。自分の体が何かできないときに、自分の体でないものが、あるいは人が代わりにやってくれれば別にそれで困らない。そして、自分で何かするのはそれなりに労力を要することだから、自分でやらなくていいのは悪いことではない。ときにはよいことでさえある。そしてまた、例えば知的障害についても、別の仕方で、障害がない方がよいと言えない、と言えると思います。住んでいて受け取っている世界が違っていて、それ自体はそれだけのことだということ。そしてたとえば計算ができないとか漢字が読めなくて不便という部分については、基本的には、身体障害の場合と同じことが言える。

ただ、病気になって体が痛くて、死にそうになった時はどうか。痛いという話と死ぬという話はだいぶ違うと思いますけれど、病の状態を肯定しようというのはどういうことなのか。それが小泉さんに聞きたいことです。

むろん、これまで小泉さんが何も言ってこなかったわけではない。昨年の『現代思想』の論文や、その前後の文章などで幾度か言及されています。まず、どんな状態であっても、生きている限りは、生きる力がその肉体に備わっている。そう小泉さんは言う。医療をやって命をつなぎ止めている人がいる。でも、つなぎとめられている肉体に何かがあるから、生きる力があるから、その人は死ないで今のところ生きている。それはまったく確かなことだと思います。でも、小泉さんが敵に回したい人も、言われればそれはそのとおりだねと認めると思います。とするとそれだけでは足りない。実際、小泉さんはそれ以上の話をしたがっているように見える。それはどんな話か。

ある人が病気であることによって、その人の中にある何かがある。それを使って、何かがつくられる。そしてそれを同じ病気の人に渡していく。小泉さんはそういう筋道で、病にある肉体を肯定しようとしているようでもある。たとえば遺伝子情報にしても、病気の人は病気じゃない人にはないものを持っている。その情報と情報から得られる利益を、今のところは医療者とか研究者が所有している。物質や情報を使って薬をつくって、製薬会社が儲けている。これはおかしい。自分たちのところに取り戻して自主管理して、そこから得られるものを自分たちで得て、そして同じ病の人に渡していく。そういうことを何度か書かれたり、言われてたりしています。

それは現状よりましな方向としてあると思いますし、それなりに使える話だと思いますし、実際そういう動きもある。ただ一つに、病にある肉体を肯定するということで、小泉さんが言いたいのは、あるいはデカルトが言ったというのはその話なんだろうか。その話だけなんだろうかと思うんです。

もう一つは、そのロジックでどこまで実際に行けるかという話です。たしかにある種の病気にかかわる遺伝子情報や、体内の物質には希少性があることがある。だから、それを相手に渡さずに、自分たちでうまい具合にキープして、それを使うことによって、場合によっては儲けてしまう。それはありそうなことだし、あってもいい。ただ、それはいくつかの偶然的な条件によって変わってきます。そこから薬を精製できる限りにおいて病者は役に立ち、貢献もすることがある。希少なものをもっている人はそれを売って暮らしていけるかもしれない。実際そういう人もいないでもない。だけど希少性をすべての病人がもっているわけではない。

生存のスタイル

小泉　僕は、以前から立岩さんの本は追ってましたけど、昨年、立岩さんの論文や論稿をまとめて読む機会があり、とくに「生存の争い」を通読して、あらためて強く、病人の立場から物事を考え直したいと思うようになりました。その時、いくらか憤りながら思い当たったのは、生命倫理学や臨床諸学は、病人の立場に立っているんじゃなくて、病人の傍らに立っているだけなんだということです。病人をどうキュアしケアするのか、どう処遇し処置するのかを議論してきただけです。病人を患者なる主体に仕立てて、限られた選択肢を与えておいて自己決定や最善の利益なるものを保障すると称してきた。でも、本当にそんなんでいいのか、騙すんじゃないよ、そんなものが倫理かよ、と叫びたくなる。病人の立場に立ったら、何か大切なことが見失われているとしか思えません。

いままでも、生存の肯定とか、生存の技法、生存の美学とか言われてきたけど、そのことを病人においても考えてみたい。それは、歴史的には障害者運動から学んできたことだし、反精神医学でもおぼろげにではあれ言われてきたことです。以前から気になっていたんですが、精神の病や障害を肯定することはできても、肉体の病気はどうなのかというところで躓いてきたような気がする。イヴァン・イリイチや近藤誠の問題提起でさえも詰められてはこなかった。

僕は、研究者として、障害者の研究とか、精神病者の症例研究をすることについて非常にためらいがあります。老人や病人の各種調査研究についても、許しがたいと思うことがしばしばです。ところが、病人の立場に立つことはできる。僕も病気になりますから。僕には病人の立場に立ってものを言う資格がある。これはいいぞと思ってます。そこから事態を見直すと、別の視界が開けてくる感じになってるところです。

その上で立岩さんがあげた三つの点ですが、一つめは全く同感。愚かでもあるが賢くもある民衆の知恵をなめてるとしか思えませんね。二つめと三つめは難しいので、迂回してみます。

僕がデカルト論で強調したのは、病気を運命として受け入れるというストア派の倫理についていろんな議論はあったし、あるだろうけど、とにかく、病気になって幸せだったとか、病気でもオッケーだと発言する病人が現にいることから始めようということです。いつの時代にも、ストア派的な賢者はいる。そんな病人が、その悲惨な生存の何を肯定しているのか、何を喜ばしい生として肯定しているのか、それを病人から学ぶべきだということです。ある病人たちは、間違いなく、プラトンの死の練習、アリストテレスの観想的生活、パウロの法に従う生活、スピノザの神への愛、フロイトの死の本能、ラカンの享楽、フーコーの快楽、ドゥルーズの欲望などなどを現に生きているんですから。

それで、どこまでいけるのかと立岩さんは追及するわけだけど、まずは認識の問題だと思います。そもそも、病気の経験や体験、病気の細部や襞を認識する言葉を、われわれはほとんど失っている。たとえば、ハンチントン病の遺伝子マーカーが発見されて二〇年になるけど、この間、ハンチントン病についての研究者の言説は全然変わってない。原因遺伝子はこれこれ、遺伝子診断可能、塩基配列リピート数がこうだと予後不良、これだけです。これだけの繰り返しです。そんな研究者の態度は恥ずべきものです。これを病人の搾取と言わずしてなんと言うんだと、まずは啖呵を切りたくなる。

こんなのに比べれば、差別的と見なされがちな昔の症例記述の方がずっと使い物になります。たとえば、パーキンソン病の名の由来になった、一九世紀のパーキンソンが残した病気の自然誌、自然記述があります。それは、病人が町を徘徊しているのを記述しているんですが、その変な歩き方を丁寧に記載している。それを読むと、そうした歩き方が、肉体的な変成や症状に対するある種の戦いに見えてくる。病人の変な歩き方が、病人の生存のスタイルであることが見えてくる。だとしたら、いろいろな病気においても、われわれが苦痛や異常や絶望と見てしまうことも、肉体の一部の変成に対して別の肉体の部分が闘争していることのシーニュであることが見えてくるはずで、そういう認識を摑み出していかないと、病気や生命に対する認識が高まるとは思えない。ですから、三一書房の『編年差別史資料集成』ほど輝かしいものはないとも言えるんです。

それで、どこまでいけるんだということですが、僕は生老病死の認識の問題と、生老病死をめぐる社会的な実践の問題は、いつでも杜撰な仕方でつなげられてしまうから、とにかく切断すべきだと思ってます。ただ、他方では、その社会的な実践にしても、病人の立場に立って正されるべきことがあるとも思ってる。たとえばＨＩＶ感染者のさまざまな運動があって、その主体的な治験設計と治験参加にしても、まるごと肯定はできないし、すでに批判的な研究も出されていますが、その総括は少し早すぎると感じてます。治験にしても、病人の肉体、人体の資源化の一つですが、病人の立場からするとオッケーできる面がある。血液製剤のことを考えたって、人体の資源化だから一律にダメなどと言えるはずがない。もちろん治験に協力する程度では何ほどのこともないかもしれないけど、そこで何が、それこそ命懸けで目指されているのか、もっともっと考えるべきです。

病人は労働している

小泉　その時、これは立岩さんのやってきたことにつながるんだけど、病人はいかなる社会的存在者なのか、病人の闘病はいかなる社会的活動なのかを考えてみたい。試しに直感的に言うと、病人は労働しているという気がする。しかも現在の医療体制や生権力の中で開発＝搾取されている気がする。病人の立場に立つと、その開発＝搾取の関係を変えて、収奪する者から収奪するという課題が出て来ると思うわけです。そんなことを思いながら立岩さんの仕事を読み返してみると、すごいこと書いてると感じましたね。立岩さんの仕事は、ケアの言説や臨床の言説に似ていると受け取られているふしがある。はっきり言えばそういう面もあるのですが、『弱くある自由へ』の介護・介助の制度提案を読み直して、立岩さんには珍しい怒りに満ちた文章に感動しました。考えてみたいのは、その立岩さんの闘争において病人がどういう理論的な位置をもつのかということです。

働けない人、無能力な人に対応する形で、病人についても、生まれながらの病気、治らない病気、予後の悪い病気、死に至る病という言い方で絶えず例外化がなされる。その後で、まさにその後になって、そんな人間は保険ではカバーできないので扶助を行うという話になる。再び、まさにその後になって、見返りの期待できない他者に対する道徳が説かれる。こうした議論の流し方は現代の社会科学者や倫理学者の不可疑の共通知見になっている。これは防貧と救貧を使い分けんとする救貧制度以来の神聖にして侵すべからざる発想であって、これは不快であるというところから立岩さんは出発している。そして、立岩さんは、第一段階で、所有の制度を批判し、第二段階で保険アプローチを批判し、第三段階で介助に関して制度提案しているわけです。

ところが、僕の印象では、第一段階のところで、病人を位置づけておかないと以後の議論が通念の範囲におさまってしまう気がします。たとえば医療と福祉の関係者は現在たくさんいる。制度化されているし、専門家もたくさんいる。かれらは病人のおかげで食っている。病人のおかげで利他主義を標榜する連中が食べている。その一部として生命倫理学がある。露骨に言えば病人は労働の資源になっているわけです。

そこが生権力のポイントであって、近代的な市場、近代的な産業資本主義は、資源としては自然物しか理論上は想定してこなかった。ところが、現在の生権力は、生物の肉体、人間の肉体、とりわけ病人の肉体を資源として活用して、利潤を上げている。ちょうど、中世の農業技術や漁撈技術が、国家高権を媒介にして、山野河海を無主物と見なしつつ開発＝搾取したように、です。しかもその病人には、病院や施設に囲って労働させている。薬を飲んだり検査を受けるのも労働です。病人は治療サービスを受けて、少し良くなる肉体や、副作用込みの肉体を再生産することによって、生産のサイクルを回している。この生産過程、生産力、そこに生産関係が覆いかぶさって、さらに各種の専門家が寄生しているわけです。

ここは当てずっぽうで言ってますが、言いたいことは簡単で、病人を巻き込んだ医療制度・バイオ産業は、従来のやり方では分析できないということです。所有論や法学的遺体論では全く歯が立たない。立岩さんの図式にも乗らないだろうと思う。立岩さんの私的所有論は、物づくり、制作、製造の話ですから。僕としては、科学技術や医療体制での病人の位置の分析をやって、そこから病人に関する社会的倫理を引き出されるという予感がある。どこまでいけるかという問題については、こんな風に考え始めてます。

あと、死生学なるものに関してですが、それが、伝統的に宗教が担ってきた役割を世俗的に担おうとしているのは動かないですね。そんな言説にいかなる態度をとるかですが、僕は、かれらの信心が足りないとしか思いませんね。僕は信心深いですから。立岩さんはそもそも信心がないけど（笑）。連中はどうしてあの程度のスピリチュアリティや宗教性で足りるんでしょうか。浅い信心で十分なんでしょう。

いままで僕なりに書いてきたのは、殺す理由や死なせる理由は、われわれはほとんど解除できるということです。この意味で、殺すことはないし、死なすこともない。ところで、同様に、生きる理由もほとんど解除できます。ところが、生きることはないとは言い難い。生きる理由を解除されて失っても、しばらくは必ず生きてしまうからです。ここが僕にとっての難問です。ここを伝統的な区分で言えば、生きる理由ないし原因は、解除の対象になるような知識や動機ではなくて、解除し難い信仰や本能であるということになります。それを失ってしまえば生きることを止めてしまうようなもの、命懸けで抱いているようなもの、しかも何ほどか精神的なもの、これに名を与えるとすれば、そうならざるをえないと思います。僕は、まずその信を取り出したい。そこに届かないスピリチュアリティなどお話になりません。難しいのは、その信ないし本能と死の関係ですが、むしろ死生学のいう死は、死につつある生として表象されているわけで、まずはそこで考えておくべきでしょう。

生命倫理学、死生学、臨床諸学を駆動しているものは、ただの生、人格を失った生、ビオスから脱落したゾーエーです。同時に、ただの精神、動かぬ身体にロックト・インされた意識、肉体を墓場とする心理です。人びとは、つまりパーソンたちは、そこそこの健康を享受しながら、心身合一を生きていますが、バイオ技術が可能にした心身二元論を眼にして、たんなる肉体的生と、たんなる精神的生の双方に怯えている。だからこそ、かれらは、何度も何度も、脳死状態、植物状態、痴呆状態、あるいは、ＡＬＳ（筋萎縮性側索硬化症）に脅かされ、あれこれと議論したくなってるし、脳死基準や安楽死に賛成することにもなる。要するに、かれらは死のことや死後のことを考えているんじゃなくて、ゾーエーの処置を論議してるだけです。これに対して何と言うかです。

立岩さんは「ただの生」という言い方をする。「生存」「存在」とも言う。それが大切だとも言う。しかし、そこにゾーエーも含まれているかはあいまいにされてますね。現在の状況では、ゾーエーに対する態度、自分がゾーエーになることに対する態度を決めないと、それこそ宗教的な問題も片がつかない。

立岩　まず一つだけ言います。病人の生存の肯定の仕方という話。私の方で何か言えるわけではないのは最初に言ったとおりなんですが、小泉さんの話に対して。

病人は労働してるじゃないかという話は、そうだとも言えることは言えるわけです。薬を飲むのも労働だし、病院に行くのも労働だと。それだけではない。苦しみながら息していることも、エネルギー使っている。そういう意味では労働している。それはそう言える。一九七〇年代の話ですけど、脳性麻痺の人が、自分の足腰立たなくて、自力で排泄を完遂できなくて、尻を上げて続きは他の人にやってもらう。尻を上げるのが労働だと、あるいは生きているのが労働だと言った。俺たちがやっていることは労働なんだというのは、それなりの歴史の重みをもっている言葉であり、認識のあり方です。

だけどそう言って行くのがよいのか、またそれをどういう話にもって行くのかです。僕は、そうることにおいて、自分は、あるいは自分たちは肯定されてよいという言い方でいいのか。
　これまで労働という範疇に勘定されてきていないものも労働と見よう、労働としようという主張はずっとあります。それは運動の中にも、学問の中にもあった。今年出してもらった『自由の平等』（岩波書店、二〇〇四）だと、第二章でその話をしてます。そんなことを言わなくてもいいんじゃないかということを、そこには書いたんですが。何かをしていることにおいて価値を見いだす。たとえば他のことは何にもしないけどどうやら笑っているらしいとか。そして、何をしなくても対他的に価値ある存在であるから、とか。さらにそのことも言わないけれども、何か存在していることで価値を生じさせている。それはその人の労働であって、そのことによってその人は肯定される。

小泉　そういう風に言うつもりはないです。あくまで労働は狭義のエコノミーの概念だと思ってます。かつて、人間的諸活動も労働であるとする議論もあったし、現在でもネグリとハートが非物質的労働ということで、似たような議論をしてますが、僕は、そんな言い方も、精神労働と肉体労働の差異が消せるという言い方も信じてこなかったし、いまでも信じてない。立岩さんがとにかく働けない人が現にいることを踏まえて、その上でどうしようかと議論するのは正しいと思います。

立岩　小泉さんは病人のゼネストとか考えているでしょう。

小泉　そうですよ。自主管理とか、山猫ストとか、あらゆる形態を含めてね。

立岩　そういうの、僕も嫌いじゃないんだけど、でも、そううまく行きそうにないって思うんですよ。資源化されているという話もいくつか分けて考えてみようと思います。

まず一つは、僕が最初に言って、そして疑問を呈したこと。人は、とりわけ病気の人は、自らの体内に、他の人たちにとって価値のある物質や情報を有している場合がある。それは確かに資源である。病気を治すことが何らかの価値をもっていて、そのための鍵は、少なくともある種の病気に関して言えば、病人だけがもっている。だから、病人は病気を治すために、必須のものとして存在するし、それを使わざるを得ない。その局面は、あらゆる活動が労働だという話とちょっと別で、病人が病人であることにおいてもっている何かが、その病気を治すための手段として価値があり、必要とされているということです。その資源を使うとして、今それを誰が使っているか儲けているのか、企業やなにかではないかという話はあり、それはそれで当たっている。そしてその資源をどうやって活用するかとか、あるいは薬の生産に関する権限をどういう形で割り振るかというのは大切な話です。企業や国家の代わりに自分たちがという話はありうる。それにももっともなところがあるし、なかなかおもしろい。けれども、そこまでで終わってしまうような話で、それで暮らしていける人もそうたくさんいるとも思えないし、それでいいんですかと言いました。

もう一つは、病者を世話したり、医療を提供したりすることで食っている人たちがいるではないかという話です。この話もけっこう前からあって、やはりそれなりの歴史があります。たとえば障害者が作業所に行って、それで月五〇〇〇円とか一万円とかもらっている。他方、その人たちを指導する人ということで雇われている側は月一〇万とか二〇万の給料をもらっている、まあ、それも安いんだけど。それで、お前たち、俺たちにかかわって食ってる、俺たちのおかげで食えている、俺たちを食い物にしているという話になって、なのにお前たちの方がいい暮らしをしている、おかしい、といった話が続いたりします。

変だ、おかしいという直感は当たっていると思う。ただ、それはどういう事態なのか。たとえば医療の場合、医療の提供者は見返りがあるからやっている、それで報酬を得ているというのはそのとおりです。だけど、その報酬は、自分で病気している以外のところでかつてあるいは今も稼いでいて、たまたま金をもっていて、こういうことをしてくれたら払えるよという場合か、さもなければ、病気の人が治療受けたり暮らしたりするための金は、保険の原理であれ、別の原理であれ、まあしょうがない、社会的に金を出そうやという話になっていて、それが前提された上で、その結果、医療という行いに対して対価が払われる仕掛けになっている。つまり、病気にかかわる費用を払うという前提があってのことで、病気であること自体が価値を生み出しているわけでない、その価値を誰かがさらっているということではない、というのが、まあ当たり前の応じ方です。ここにある社会なるものは、そういう状態に対して金を払わないこともできる。

小泉　一つは、いわば単産別経済ストの限界を指摘しているわけですね。遺伝子科学や遺伝子産業は、遺伝子マーカーや原因遺伝子の釣り上げにしても、障害者や病人抜きには成立しない。もちろんこれだけだと、局所的な話になってしまいます。病人のポピュレーション全体が必要なわけではなく、一定数の病人がいればいいだけですから。治験や研究調査では病人に賃金を払えと言いたいですが、局所的な改良にとどまる。そこで、もう一つは、総資本対総労働ではないですが、トータルとして医療のエコノミーを考えるということですね。そのとき、いま立岩さんがやった医療制度の描写は、すごく常識的なんですが、そこにクエスチョンを打ちたい。そのようなイデオロギーは蔓延しているにしても、社会的に金を出すことが、しょうがないこととして始まったわけでも、現在そのように成立しているわけでもないと言いたい。

この社会は人間が死ぬことと生まれることを見込んで成立してます。世代交代やライフサイクルやライフステージを当てにした制度、国家財政、金融制度、定年制度、教育制度などなどです。つまり人間の死と誕生は、市場価値を可能にする価値を生み出している。同じように、病気と障害も価値を生み出しているという感触があるんです。

生産と分配

小泉 素朴な疑問ですが、どうして病気を治すという医療制度があるかなんです。この間言われてきたことは、近代においては、資本の側からの労働力の再生産の要求が、個人の側からの健康維持の欲求と合致して、云々ということです。だから、不治の病人などに対する医療は恩恵や慈善にしか見えなくなる。そこを見たくない人は、社会権や生存権の拡大を語ってみせるだけです。それでは欺瞞的な方便にしかならない。僕はそんなお話は全く信じられません。「まともな社会はその成員全員にどの程度のヘルスケアを保障すべきなのか」みたいなドゥオーキン流の問いそのもの、「互いの生を保障し合うために、一定の資源が他者に移転されることを自ら承認する理由は何か」みたいな道徳的な問いそのものが、正しく立てられた問いではないんです。

断固として断定しますが、そもそもできないやつのために生産が始まっているとしか思えない。あのアーレントでさえ、『人間の条件』では、農業の功徳ということを言っていて、農業は必ず余剰生産物を産むということを指摘している。あのアリストテレスでさえ、自給自足は家政ではなくポリスではじめて成立するとしている。個人の自給自足の生産なんてあり得ない。個人労働、個人所有、個人消費などといったお話は嘘っぱちです。自足した個人から始める近代の社会理論はその出発点から間違っている。誰もが知ってることですが、一定の期間に大根はどっと取れちゃう。一人で食えるわけがない。協業に参加した人でも食いきれるはずがない。じゃあ、そんな農業生産がどうして始まったのか。明らかに他者のために始まっている。生産はそもそも余剰生産物を他者のためにつくるために始まっている。じゃあ、その余剰生産物を何に利用したのか。すぐに思いつくのは養育・育児です。そうしないと社会は存続しませんから。もう一つは養生や医療だとぶちあげたい。まあ当初は薬物の知識の担い手の扶養だったでしょうけど。人類の起源から、そもそも生産は、できないやつ、働けないやつのために行われてきた。この観点から、貢納や税金も見直すべきです。『続日本紀』などを読むと、飢饉や災害の記事で溢れてます。大方の研究者はそれだけ昔は悲惨だったと思い込むんですが、僕は全く違って、統治が救荒だけを使命としたからこそその類の記事が記載されたと考えてます。徳治ってのはその反響です。ともかく、災害史や医療史や医療人類学を再検討して、別のエコノミーを取り出すべきだと訴えておきたいですね。しかも、そういう側面は現在の生権力にもあるはずです。そこをきちんと肯定的に取り出したい。いまは見方を変えましょう程度しか言えませんが。

このように生産論を改訂したとき、立岩さんの分配論はどう見えるかですが、まずその射程は非常に大きいことを確認しておきます。アダム・スミスは交換的正義と分配的正義は一致するとしていた。これは現代経済学の図式になっている。これに対して、ヒュームは、そんなわけがない、交換的正義と分配的正義が一致するはずがない、だから分配的正議は慈悲に任せよう、とした。これが、現代経済学に対する道徳的批判の図式です。ここで立岩さんは分配的正義の側から、交換的正義の原理そのものを批判的に打ち崩そうとしている。それは極めて難儀な仕事です。僕は、立岩さんの分配論のためにも、所有論だけではなく生産論も変える必要があると思ってるわけです。

立岩　どうして病人のために払うことになっているかという話については、僕も同じようなことを考えているところがあります。つまり、分配、あるいは分配のための生産というものがなんであるのか、どのようなものとして存在するのかということです。

もちろん、一方で、とりわけこの社会は、労働力を高め生産を増やすために、またちょうどいいくらいに調達するために、人や人の身体にいろいろなかたちでかかわってきた。たとえばいらない人間を放置したり、殺したり、増やさないようにしてきた。また成長部門に投資してきた。ゲノムはそういう領域だと目されているから、これだけ騒がれ、急がなくてもよいことも急がされている。他方、そうでない部門への支出はけちってきた。そういう局面は現実に存在して、それは病人を取り巻いている。それはまったく直線的に、たとえば安楽死の現実にかかわっている。それは生権力の通俗的な理解だと言われればそれでけっこうで、通俗的に事実ではあるので、こうしたことはそれとして、やはり、押えておくべきだと思う。最初に出した三つのうちの三番目にかかわることですけどね。

そして、そういう状況を肯定するかというと、そんなつもりはない。そんなつもりはないから、ものを考えたり書いたりもしているわけです。ただ同時に、現実はそんなものでしかなく、それと別のものは理想として立てようとか、そんなふうには考えていないということです。小泉さんが言ったのもそういうことだと思う。

つまり、われわれが歴史のなかで生きてきた現実が、今ざっとしゃべったけちな現実でしかないとは思わない、それだけで暮らしてきたはずがない、こういうことだけやってきたはずがない。現実世界においては損得勘定の功利的な計算によって人体への介入のあるなしがあるけれども、理想として何か別のものがあるということじゃなくて、現実のなかにおいて既に、贈与という言葉を使うのであれば贈与の契機が存在するし、それは現実の社会の作動の中にも、基本的なものとして、常に存在しているということだと思います。

小泉　それはかっちりとエコノミーとして現実化されている。近代以前の史料を読むと、確かに障害者や病人の境遇は絶望的であったように見えるけど、同時に見ておくべきことは、仮に近代以前が暗黒だったとしても、その暗黒の中で、連綿と、障害者は産み育てられてきたし、病人も生き延びてきたということです。だからこそ差別的な文書も残されたわけです。去年、かつての大学の教え子が葉書をよこしてきて、子どもが生まれました、ダウン症でした、と書いてあって、そこに写真も印刷されていて、それだけで去年は励みになりました。そこにはたらいているのは、もちろんその二人の徳や力ですが、それだけではなくて、二人を動かす何か肯定的な力がある。この世はそれほど悪くはないというか、通俗的な理解や事実、差別や功利さえも容れてしまうくらい、不可思議な仕方で善いものなんです。

立岩 われわれの社会は既に余っているという認識はとても大切なことだと思います。今なされているのは、人手にしても何にしても、これからは足りなくなるという話だけです。そうすると、そこの中でいろいろと考えるということになって、辛気くさくなる。実際、医療資源の分配といった題の集まりであるとか、生命倫理学の教科書であるとか、介護保険の今後をなんとかといった審議会であるとか、そんなところで辛気くさい話がなされています。だけど、全く普通に考えてみるだけで、何かが足りないという話が眉唾であるということはきちんと言えるはずです。

このことは幾度か書いてますけど、これだけのものが作られ消費されていて、しかも失業が存在しているということ自体が、既に人的な資源が余っていることを示している。失業は、基本的には、不況のせいで生ずるのではない。ずいぶん以前から人は余っている。今後もそうです。さきほどの小泉さんの話にも関係しますけど、この社会にあるものの幾つか、たとえば家族であるとか性別分業のある形態というものは、生産の最大化のために存在するというより、生産と消費との間の調整の機構であると、また分配の機構であると考えた方が理屈にかなうと思います。ただ、その調整機構は出来もさほどよくなく、そしてなにより不当な調整を行うから、それを私は批判しますが（cf. 立岩「選好・生産・国家——分配の制約について」『思想』九〇八・九〇九号、二〇〇〇年二月・三月、「家族・性・資本——素描」『思想』九五五号、二〇〇三年一一月）。

いわゆる発展途上国での失業はまた事情が異なりますが、そこでも、人手が足りないなんてことは全くないわけですよ。その上で話をしていかないと、話が暗くもなるしけちくさくもなる。

小泉　立岩さんのその議論はすごく重要なのに、経済学者はまるで考えてませんね。労働市場論や賃金理論一つとったって穴だらけなのに、全く意に介してない。その上で、大綱を打っておくと、いくらかアイロニーにしか聞こえない神義論世俗版ですが、病気や死という自然悪があって、その悪を善、つまり財や利益や生産物に転化する形で人間社会はできあがっている気がする。人間社会は他人の不幸で飯を食えるようにできている。フーコーは刑務所は失敗することによって成功すると言いましたが、病人を含み込むエコノミーもそのようなものであるだけでなく、それ以上にしたたかで善きものであるという感触がある。そこから喧嘩を売ろうとすると、お前ら誰に食わせてもらってるんだ、礼節をわきまえろ、程度しか思いつかなくて困ってるんですが、そこのところに、規範理論による正当化を与えようとするなら、立岩さんの議論とは違うものになるような気がしているところです。というか、そこを教えてくれる理論がほしい。

世界を感受する

立岩　僕は形而下的な人間なので、人には存在しているそもそもの意味があるとかないとかいう話になると、わからないと思う。ただ、だから、私がいつも考えない話をきちんとしようとしている人の話は気にはなります。

僕は生というのは、まったく世俗的に肯定されてよいと思っているし、それ以外に考えつかないんですね。生きていればいろんなことが感じられる。それだけでいいんです。むろん、意識的な行いができて、それで面白いものが生まれることはいいことだし、楽しいことです。だけどそういうところが取られても、そういう能力なり機能なりがなくなっても、私にとっての世界はある。世界は何らかのかたちで感受される。耳が聞こえなければ、耳は聞こえないという世界の感受の仕方がある。見えなくても聞こえなくても世界は感受できる。そしてそのことは、その人において肯定的であるとしか言いようのないことです。それに比べて、死ぬというのはそういうものが失われることです。それは惜しい。それだけなんです。

たとえば、こんどALSの人たちのことで本書いたんだけど（『ALS——不動の身体と息する機械』医学書院、二〇〇四）、この病気は身体がまったく動かなくなる。そうなるまで、それから、そうなった後も、意識はあって感覚はあって、それぞれの世界がある。まあ、とはいえ、身体が全く動かないのはいかにもしんどいだろうと思って、だったらもういいと思うのも無理ないかとも思って、それでその人たちが目線の動きだとか利用するコンピュータで書いたりしたものを読んでみてきたのだけども、どうやら、生きられる。けれども、ALSの人は死んだ方がましな悲惨な状態だと言われるし、死なせた方がいいかどうかといった議論の対象になっている。

僕にとっては何が肯定されるべきかというのは、生きていてそれで私に受け取られる世界があってそれはよいことだし、それがなくなるのはいやだし、死ぬのは怖いしという程度の話でおしまい。その上で、私がそういう人でもあるから、そうした生を否定するものは何なのかが気になる。死んだ方がましだから死なせたらいいという人が何を言っているか、どういう理屈をこねているのかということが大事です。それをいちいち書き出していって、その話は違うぞ、こっちの方がいいぞ、こっちの方が勝ち、と言えることはいろいろあると思う。そこに僕にとっての争いは起こっている。

小泉さんの面白いところは、それ以上の話をしなきゃいけないと思っているし、できると思ってるところですよ。それが求めようとすること、また求められるのはわかる。僕のような脳天気なことを言っても、そんな言葉が全く意味をもたない人はいるだろうし、場面はあるだろうと思う。だけど、最初に言った二番目のことだけれど、それがどう言えるか。これからそれを考えるんだと言われれば、はいではがんばってください、と引き下がるしかないんだけれども、何も言わないわけでもないでしょ。病人の身体、身体の苦痛は、未来の病人のために、みたいなこともおっしゃる。それもあるだろうなと思うけれど、このところ「命のリレー」だとか言う人っているじゃないですか。いま病人である私は死後の私と同じような病人のために生きているとか、人は人を産むために生きているという話はそれに近くなってくるのじゃないか。だからだめってことにもならないにしても、そういうことでいいですか、あるいはそれだけですかということです。

小泉　立岩さんの形而下の争いは、全く賛成です。そこはもう全然動かない。ただ、形而上の争いというか、世俗化した宗教論争や神学論争がそこに混じってるわけです。それは人びとにとっても、自分にとっても大事な問題に触れている。有体にいえば死ぬことの意味なんですが、そこは措いて、さっきも言ったように、その手前の、死んだも同然とみなされる病人におけるその生の意味なんです。僕自身は、ある水準では無意味でいいと見切ってますけど、どうもそれも簡単すぎる。

立岩さんは、どんな病人にとっても生きることがよい、その病人の世界が開けていることはよい、死んだ方がよいとは言えない、と言いますね。僕は、その立岩さんの口を通して、そのように言わせる何かがあると信じてるわけです。生かされてるとか、命の恵みだとか、命あっての物種とか、ボクらはみんな生きているとか、個人を超越する次元に触れている言い方で、言わんとする何かです。その何かは、神とか共同体とか人類とか呼ばれてきたし、子どもや孫を通して、あるいは野生の生き物や森林を通して垣間見られてきたわけですが、そんな信心は別としても、とにかくその何かが、われわれに生きることをよいと言わしめるような意味を、ただの生にも与えていると信じてるわけです。立岩さんの言うよさは、すでに超越的かつ内在的だと思います。難しいのは、そこを魂のこもった言葉として繰り広げることであって、生命のリレーにしても、これは『レヴィナス』と『生殖の哲学』で少し触れましたけど、親子で何がリレーされてるかも実は定かではないし、臓器移植にしても、何がリレーされているのか、何がリレーされえないのかも定かではない。ただ、このリレーというのは、個体の死後の、別の個体の生への関係だから、私なる個体に内在しながらもそれを超越するという意味で形而上学的な関係になる。

そして医療は、実は形而上学的な営みなんだと思います。というのも、ある病人の闘病は、未来の病人の闘病に寄与すると語って、現在の生の意味を、死後の生によって付与しているんですから。もちろん、いまの医療技術はそのようなものになってはいない、およそそんな知恵も技術もない、だからその方向に向かうべきであると批判することになります。

肉体の争い、言説の争い

立岩　これから丁寧にやって、という話は小泉さんはずっとしている。いま病気を治せないというわれわれの技術なり科学なりというものがある。それが病人の肉体を使うなりしてもうちょっとましな知見が得られて、治らないものが治るようになって、そういう方向に話を持って行きたいですかね、やはり。

でも、現実はそういうところまでとても行っていない。とすると、そこまで行っていない間は、心のケアでもしていましょうと、小泉さんの敵たちに居直られもするわけじゃないですか。となると、今のところ、喧嘩売られた相手もそう負けた感じはしないと思うんですよ。

それでもやはり、基本的に、病というものが、病のある身体というものがいったいなんであるか、それを解明せねば。そういう話になってるわけ？

小泉　治る治らないは、こうだと思うんです。僕は肩凝りと頭痛があるので鎮痛剤で抑えてますが、この薬にしたって、そこには過去の病人の労苦と生死が凝縮していて、そのおかげで僕は凌げている。そして未来の他者にとっては、僕個人にとっては非情であっても、意味をもつかもしれない闘病経験がありえる。ここから見ると、心のケアは心を欺くだけのものであって、病人の肉体に宿る魂を救うものではない。それなら、肉体について、科学主義的に考える方から接近したいわけです。

立岩　そうでしょ。それでいいの、って普通は考えるよね。でも小泉＝デカルト的に言えば、自然科学、自然の認識と哲学、形而上学というのはきちんとくっついていて、つじつまがあっているわけね。

小泉 あってる。それを堂々と言わないといけない。わりに、ガン細胞が増殖して個体を死なせると自分も死んでしまうからガン細胞は理不尽で不合理だみたいなことが語られますね。これは自然科学のある水準の言説化であり、そこにはいろんな思いや嘆きがこめられているし、その小さなアイロニーが心理的救済をもたらすこともある。ところが、ガン細胞はそのようなものではない。ドゥルーズ哲学の水準で言えば、未分化な受精卵でもあった器官なき身体が、別の身体を欲望しながら古い身体を解体してしまう事態です。この言説は、幹細胞の身分やガン遺伝子の正体を考えてもけっこうつじつまがあってる。ここにもいろんな思いや希望がこめられてはいますが、プチ心理的救済を与えるものにはならない。魂や肉体の水準のことにならざるをえない。たとえばそんなことだと思ってます。

立岩 ドゥルーズってきっとおもしろいんでしょうね。でも、おもしろくて正しいことを言ってる本は、今は読まなくてもいいだろうと思って、読んだことないんですよ。退屈な、つまらない、あるいは腹の立つ本を、読まざるをえないんで読んでますよ。

そうすると、そういうものに対する時には、生きていることの肯定は、生きてりゃいいこともあるし、ぐらいの肯定ですんでしまう。

小泉 それも信じられなくなるときにどうするのか。人生的な意味でいいことがなくなるときが必ず来るんですから。現在は、そこを怯えさせる脅しがかかっている。その脅しに対してもなおかつ、という思考が必要だと思う。

立岩　脅しに対しては二つあるわけですよね。一つは、相手の言っていることを捉えて、その力を弱くすることです。僕はそちらで行こうと思っている。もう一つ、反撃するときに、守りに入っているこっち側を強く肯定するというやり方が一つあると思います。僕はその仕方がよく分からない。それで、まあいいこともあるよね、くらいのところで適当に肯定しておく。中くらいのよさとして肯定しているだけなんだけれども、他方には、生きるに値しないという声があって、ずっと生の価値を低いところにもっていく主張があるから、それに対しては、とりあえず中くらいの肯定であっても、対立になり、争いにはなるわけです。

ただ小泉さんの話は、攻めてくるものがもっと強いから、こっち側にあるものを強く正しく肯定しようという話です。それもそうかもなと思う。また、攻めてくる相手がどうというのとはいったん別にしても、すごくきつい状態にある人に対して、いいこともあるよねという話をしても、なにをのんきなことを言ってるんだ、と思われるだけでしょう。それはそうだと思う。

ただ、肯定するという話はどこに行くの。小泉さんは自分の命は失われるけどそのことがうまいぐあいに次の世代なり次の人類なりに受け継がれていくという話にしたように聞こえる。デカルトが、病気である私は健康になりたいと思わないという話というのは、それと同じ話なのか、ちょっとずれているのか。

小泉　ずれてますね。近代哲学は基本的には個体論に終始してますから。デカルトに限らないけど、それこそ末期の苦痛や絶望を想定して、それはそれとしてオッケーと書いてきた哲学者はいます。

それはそんなに達人的に難しいことではなくて、防ぎようのない苦痛や絶望はあるよね、で終ることだと思ってます。ただ、現在は、その末期が科学技術的に引き延ばされていると言えば言えるわけで、一応別の議論がいるでしょうが、人生には諦観すべきことがある、で終ることでしょう。その上で、たぶんほとんどの病気に於いて治療は役に立っていない。現在のほとんどの営みは自分のためにもなっていない。そんなことも考えて、生きる意味を考えましょうということです。

立岩　治療や医療が行われている。だからそれでよいということではない、役に立っていない。そこまではいい。わかります。そうだとして、それで治らない人もたくさんいて、その上でどうなの。

小泉　いま生権力は、生きるに値しない生に価値を付与せんとしている。そこを契機に、治らない生の意味を考えるということです。

ヒステリー症状の意味については語られてきましたよね。それはまさに発作を起こすことによって、精神的身体的危機の局面を肉体的に乗り越えているというわけです。フロイトは良きペニスを欲望して云々と語ったけど、そういうことではもちろんなくて、別の肉体を求めていると見るべきであって、それは一代では実現できるはずがない。肉体の病気の症状や症候についても、そういう風に考えたい。

立岩　たとえば発熱というのは、ある事態に応ずる身体機能の活性化だと言えるよね。しかし、それはみんな知っていることでもある。

小泉　でも、その身体機能は名指されただけだし、それは倫理を生むほど強い知にもなってない。それを語る科学的な言葉、理論的な言葉もない。

立岩　それってどういう言葉なの。

小泉　それを探求しましょうってことです。スピノザ『エチカ』にあると逃げたくなるけど、とにかく何にも手がついていない。でたらめなお話がつくられて振り回されているだけ。

立岩　感染して、発熱というかたちで体は抵抗する。これはいいよね。しかしそのメカニズムの本質的なところはわかっていない。それもそうだとしましょう。で、そのメカニズムがわかると、どうなるの。たとえば発熱させている体の力の本体がわかって、体の力をうまいぐあいに使うと感染病がなくなるの？

小泉　そこは僕にはわからないけど、あえて言ってしまうと、感染して死ぬ者は死ぬし、死なない者は死なないということがクールに見えてくると思う。肉体の力の認識は、もちろん定義上は治療効果に結びつくだろうけど、むしろ肉体の運命の認識に傾くような気がするし、それが生老病死の意味だと思ってます。

立岩　なんかよさそうな気がする。支持したいですけどね。

　皆目まだ手が着いていないとおっしゃったけど、その中身はともかくとして、手の着け方というのがあると思う。そこのところはどうですか？

小泉　たぶん病人は自分で経験して体得していることだと思うんです。副作用の乗り切り方、症状の乗り切り方、それは肉体についての知恵です。立岩さんこそそういう経験をたくさん知っていると思うけど、それぞれの病人の技法がある。

　臓器移植でも賛否は別にして、人によって臓器が生着したりしなかったりする。臓器を生着させる力は何かということは誰も言わない。本当はそっちが大事です。それは間違いなく病人が内部感覚でわかっている。ここからが難しいんだけど、それは病人の闘病記にある言葉では届かない。仮に研究者がやるべきことがあるとしたらそこです。

立岩 その路線が仮にあるとして、それはそうだろう、いいじゃないのという話になるんじゃないか。医療をやっている人、自然科学の人、それとは別の商売の人、それぞれにとっても小泉さんの話は悪い話ではない。それはそれで大切だよねという感じでわりとすんなり行くんじゃないか。

小泉 それでいいんです。わからないんだから慎ましく考えましょう、どんな病人にも生きていてもらって学びましょうってことです。ただ研究者としては、現在の医療実践に対しては、批判は放てるし、放つ必要がある。もっと専門家はまじめにやれと。

立岩 小泉さんは、一方で病人の話をよく聞いて、と言う。それはもっともなことです。他方で、病気や生命についてのもっと革新的な理論的な記述が必要だと言う。両方が主張されている。そうやって病人であること、病気であることを考えるという話なんでしょうが、この二つの話がどこのところでつながっているのかな。

小泉 立岩さんの仕事につながるところですが、難しい。

立岩 もうちょっと違う病気の語り方があればいいと、たくさんの人が思っているとは思うんですけどね。

小泉 それはつくり上げなければいけない。精神病についての肯定的な記述はある。『アンチ・オイディプス』がある。それに類する病人の肉体の記述をつくり上げることです。立岩さんはそういうことをやってきたじゃない。

立岩　どうかな。そんなだいそれたことはしていない。まじめにはやってますけど。今度のALSについての本でも、その人たちがどんなふうに毎日生きているのか、それを、なんか読む人が読んででわかるというところまで書きたいなという思いはあったけれど、そこまでは全然行きませんでしたね。そこのところを誰か別の人がやってほしいなという願いはあります。

小泉　たとえばいろんな生存の技法を持っている人がいる。そこから新しい見識や知恵を得る。スピノザの名文句で言えば、われわれは肉体に何ができるかについて余りに無知なんですから。

立岩　僕は生き方そのものと言うよりは、むしろそれに対する俗世での言説の争いのレベルのところをやろうと思っている。それは言説のレベルにすぎないけれども、その争いを吟味する必要はあると思います。一方で、言説のレベルと違うレベルで病だとかの経験があるのはわかります。小泉さんはそれをしたいわけね。

小泉　病気の別の表現ということだけなら、僕はやる気はないけど、風呂敷を広げるのは簡単です。文学は案外役立たないけど、人工呼吸器について、そこにダナ・ハラウェイのいうサイボーグがいるとか、病人について、それこそサバルタンだとか、『掟の門前』は遺伝子検査で翻弄される病人の物語だとか、言ってみてもいいし、別の病気表象を構築する文化闘争の一つとして言う必要はある。ほとんどの知識人はその程度のことさえ気づいていない。とりわけ欧米左翼は。

立岩　欧米知識人というので思い出したんですが。おおざっぱにはフーコー以来、病気や体について書くことが流行って、定着しているとも言えるんだけど、病や障害自体については、どこかネガティヴで単調で平凡な認識しかないという状態がずっと続いていると思います。哲学とか思想の領域でも、やはりそれは考えないことにしているというか、議論の重要な要素として全く入ってない場合は多いですよね。でなければ、この世の終わりみたいな感じで書くか。

今名前を出されたハラウェイなんかは別な感じで読めておもしろいし、それで僕も引用させてもらったりはしてますけど。あと、小泉さんが本書いているような人たち、本の中で取り上げている人たちとかでしょうか。でもそんな人たちの場合でもどうなのかな。例えば、ゾーエーでも剝き出しの生でも、言うのはいいんですが、どうも外しているという感じは残る。そして確かに左翼も、ほとんど問題というか事態を摑んでいない。摑んでいないというか基本的に視野の中に入っていない。それはなぜなのかな。そしてそれとはまた別系列の、リベラルな生命倫理学者、つまりこの場合はなんでもOKという生命倫理の人びとも不思議な人たちです。かなり基本的なところでなんにも考えていない感じがどうしてもしてしまう。どういう世界を生きているんだか、直感的にわかりかねるところがある。

小泉　障害者運動がインテリに届かなかったんだと思ってる。あと、肉体を持ち出すと、キリスト教神学に絡め取られる気がして、避けたんじゃないかと思いますね。ミシェル・アンリの受肉論にしてもただの死生観ですから。メルロ＝ポンティは肉を持ち出したけど、たいしたことは書けなかった。フーコーには『汚辱に塗れた人々』という素晴らしいテクストがあるけど、あれを病人については書けなかったし、『主体の解釈学』なんか読んでも、これは悲しくなるけど、肉体の病をあらわに語ることに何か歯止めがかかってる。デリダにも『時間を与える』『死を与える』という素晴らしいテクストがあるのに、これも悲しいことに、死期なるものに煽られるようにして書き散らしながら、病む肉体を贈与することを通してせり立てるものについては書けなかった。とにかく肉体に関しては、有象無象の死論やセクシュアリティ論や共同体論は使い物にならないし、レヴィナスが生殖について、ドゥルーズが病気について少し書いただけで、遺産は余りに少ない。もう本当に誰もいなくなってしまったけど、だからこそと思い直してます。

立岩 小泉さんって形而上学者じゃないですか。ざっくばらんに聞くけど、形而上学と形而下の話ってどういうつながりになるの。

小泉 いつも迷ってます。むしろ世間のほうが変につなげてると僕には見える。死につつある末期の病人とか、人為的に死にゆく過程を引き延ばされた病人とか、ゲノム三〇億年の流れとか、決まり文句が書き付けられると、そこにはあれこれの形而上学的な価値判断や死生観が混入している。だから、「強く正しい」形而上学者としては、いままで話してきたことと矛盾するかもしれないけど、病人についてはできるだけ中立的で不毛な表現を目指すべきだと思います。発熱についても、それがいかなる出来事か、そこには希望も絶望もこめようのない不毛極まりない生命現象として表現することですね。生老病死の意味はそれ以上でも以下でもない。まあ結論は決まってるわけです。科学的認識や理論的認識はそういう非情なものでしょう。

とはいっても、理論認識が思想や生活を変えることができればこれはもっけの幸いで、もちろん僕は下心があってねらってます。だけど基本的には別物。

立岩 それはいいけど、小泉さんはいろんな本で俗世について語っているじゃない。それってどういうことなの。

小泉　悟りきってないからです。というか、病人を食い物にするものに対する憤りです。立岩さんの世界の記述って、意図的なんだろうけど、ある種のありうべき記述をこそぎ落としているので、非常に貧しくなってるけど、本当は、別の仕方でもっと豊かなわけでしょ。立岩さんのいう生存の争いにしても、形而下的なドクサの争いだけじゃ決着つかないことがあるんじゃないですか。

立岩　かもしれません。そういう気もします。ただ、一つには、それは書かなくてもいいような気もしているところがあるのかもしれません。僕が変な書き方で書かなくても、人はわかっていると思っているのかもしれない。そこのところでは人びとを最初から信頼しているというかね。

まあ僕はしばらくここのところずっと書いている退屈な話を続けていく。どちらだと問われれば、生存は肯定されてよいという立場で書いていますけれども、どういうふうに肯定されるのかっていうことは、わからずじまいなところはある。肯定するものが何かというよりは、肯定する力があるにもかかわらず、否定する力の方が強いように見えてしまう。そこに戦場がある。

小泉　それだけだとネガティブな作業でしょ。

立岩　ネガティブです。僕は冒頭の二番目にあげたことについては書きようがわからない。僕は痛いのがいいって言ってないです。痛いのがいやで、でも死ぬよりは痛い方がいいんじゃないですかという、それだけの話です。ただ、これだけの状態になるくらいなら生きていない方がいいだろうという人はいる。それは学者だけではなくて、本人にもそう思ってしまうというか言ってしまう部分がある。いろいろな人が言っている。それを拾って、それに対して言えることは言ってみようということです。

　でもデカルトは痛くてもいいと言うわけだ。これはよいかもしれない、そういうことは言えるかもしれないと思う。けど僕は言い方がわからない。小泉さんは四〇〇年前の人の話をもってきて何を言いたいのか聞きたいわけだ。

小泉　いまの文脈で言えば、痛みと死を比較するのがすでに変だと思う。生きてるから痛いんであって、その生きてるからという原因らしきもののあり様を僕は知りたいし、死んだら元も子もないわけです。あるいは、その痛みが死にゆく過程に内在しているなら、その内在のあり様を知りたい。そこに病気の肯定がありうるということです。いずれにしたって、痛みという言葉と死という言葉の比較組合せだけで、生死が決せられていいはずがないですよね。僕自身は、どうしてこの病気で死ぬ羽目になるのかということ以外には考えられないと思う。なぜ痛いのか、なぜ苦しいのか、どうしてガンになり死ぬのかわからないと死にきれない。それはたぶん知的好奇心です。ただ、人間が最後の最後で何を考えるかといったら、自分の肉体の運命について考える以外に何かあるでしょうか。

立岩　僕はどうなんだろうか。どうしてかこうなるんだと思い、憤慨もするだろうけど、それに答が出るとは思えない、と思ってしまう。

リスクと社会

小泉　病人を翻弄するさまざまな似非科学があって、リスク計算もその一つだけど、それに対する態度の取り方で迷うことがあります。理論的には全くでたらめだと批判するか。でも、でたらめだからこそ世の中が動いているとも言えるので、そこをどう批判するか。

立岩　僕は、リスク計算がでたらめじゃないとしたらどう考えるのかということを考えたいと思っているんですよ。

リスクとか危険性を巡る議論というのも、今に始まった話ではないですよね。やつらは危険だから、危険である確率が高いから云々、だから排除する。そういうことはこの間ずっとあった。それに抗する社会運動は、そのリスク計算は間違っていると言ってきた。それは小泉さんの、リスク計算というものがでたらめだというのとはたぶん違う話です。きちんと計算し直せば、自分たちは、あるいはあの人たちは、他の人たちより危険ではないという言い方で、リスク計算は間違っていると言ってきた。だから大丈夫だ、社会から排除しなくても、包摂しておいても大丈夫だと言ってきたわけです。

もちろん、実際にその通りのことがあると思います。ある範疇の人とある範疇の人を取ってきて犯罪率を見ると、実際には変わらないということはよくある。それを論拠にして、たとえば外国人が他の人にくらべてより危険なことはない、だから受け入れていいんだって言う。これに社会的構築という言葉が冠せられることもあります。社会学者ってずっとそういう暴露話をしてきた。たとえば児童虐待は増えているかのように思われているけれども実はそうではないとか、そういう類の話をしてきている。僕はそういう仕事をまったく否定しないし、たいへん重要だと思っています。そのレベルにとどまって、きちんと嘘を言わないようにするのはとても大切だと思う。

ただ、リスクならリスクとして、あるいはすでに起こっている現実として、より有害であるということをいったん腹くくって認めた上で、じゃあどうするのかということを考えないとだめなような気もしているんです。ハンセン病にしても、感染力が弱いから、本来隔離すべき存在ではなかった、にもかかわらず偏見によって隔離されてしまった、それは許し難いという話がある。それはそれで大切だと思うけど、じゃあ感染力が高い病気の場合はどうするんだろうか。小泉さんに出してもらった例とは違うけど、そこをどう考えるかは大切なことだと思っている。リスク論は外しているという言い方ではなくて、当たっているとして、その上でどうするかを考えたいと思う。僕らはどこまで、将来の可能性とか過去の実績とか、そういうものを無視することができるか、無視できる社会を構想できるのか、それを考えないといけないと思います。

小泉　立岩さんが言うような意味でも、統計学的悟性批判をやる必要があると思いますね。でたらめを指摘するのは割とたやすい。水俣病での企業の統計学的調査はでたらめだという批判は、社会的にも有効だった。虚偽を暴くことが闘争に結びついたわけで、ある意味で幸福な時代でした。ところが、現在の似非科学者は、堂々とどんぶり勘定であることを自認した上で、いろんな施策を行っている。まさにいい加減だし、いい加減でいいことになってる。どこか不真面目なんです。だから、立岩さんの話を僕なりに引き取ると、リスク計算が真実のかけらをつかんでいる可能性があると見たほうがいい。それをどうやって実践や政治として結実させるかが重要でしょう。

社会生物学についても同じように考えていて、その言説もそれの批判も余りに杜撰だけど、遺伝決定論にはやはり真実のかけらはある。むしろどうして人びとはあれほど遺伝的決定論に反感をいだくのか、何を恐れているのか、遺伝決定論が真実だとしたらどうなるのかと考えた方がいい。

立岩　二つあります。一つ、私は小泉さんの今の話に半分以上乗っている。病気でも、人間のある状態にしても、それをどのレベルで説明するかという争いはずっとあった。社会生物学についての議論のされ方はそうです。つまり遺伝的というのか生物学的というのか、そういう規定因を見込む議論がある。それに対して、社会的なものを対置するという流れがずっとありました。もっと前には知能の規定因をめぐる「ＩＱ論争」というのがあったでしょう。けれど、それは何かおかしいという感じはしていました。

生まれながら頭わるいやつはいるだろうし、体わるいやつはいるだろう。そしてそれのもとを辿れば、遺伝的なものに規定されている部分は確かにあると思う。そうじゃないんだよと言ったって、少なくともその批判は限定的なものにとどまる。生まれながらと言うにしても、それと別ですが遺伝的と言うにしても、それで規定され決定されているということが確かにあって、あった上で、それをどう考えるかという話をしないことにはどうにもならないと思ってきました。遺伝を強調したいわけではないんです。ともかくなぜだかおおよそ決まってしまっている部分はあって、環境を変えれば、勉強すればなんとかなる、とは限らない。むしろなんとかなるという話が、多くの人を生きにくくさせている。そこから考えるようにしてきた。これは僕の仕事では一貫していると思います。それが一つです。

このことにかかわっているんですが、二つめは、そういう対立関係があるということ自体の意味、そこに働いている政治をきちんと見ないといけないということです。まず、人の性質や行動を規定するものとして社会をもってくるという態度は、社会を改良しましょうという話に容易にくっつきます。するとそこで教育学者が出る場面があり、社会学者が出る場面があり、言ってみれば職場争いみたいなもので、社会科学者の陣地が増えるという話にもなる。そしてもっと大きなことで言えば、戦後的リベラルというか、能力主義、業績原理が身にしみついていてどうしても否定できないでいながら、しかし平等をも志向してしまうという人たちがいるわけですが、その人たちにとって、そしてその人たちのように中途半端な私たちの社会にとって、社会要因説は都合がよい。つまり、社会環境を整備すれば各自の能力は等しくなり、その結果、業績原理を置いたままでも平等が達成されるだろうというわけです。もちろん等しくなんかなるはずない。しかし、そのうちなることにするわけです。まず、最低、このように利用されていることをはっきり認識しないといけないし、その上で、その人たちの言う路線ではだめだということを言わなければならない。それを『自由の平等』に書きました。ここのところワークフェアとかいって、人びとを訓練し職業能力を与えればそれで失業は解消し、社会問題は解消するみたいな荒唐無稽な話があるわけですが、そんなお話もこのことにかかわっています。

小泉　そこの戦い方なんだけれども、遺伝と環境の二分法はつまらない。つまらないにもかかわらず、どうしてそれが使われ、何が進行しているのかを考えるべきですね。

理論的には、遺伝概念、遺伝子概念、環境概念を、もう一度点検しないといけない。その理論作業は、僕は哲学をフィールドにしているから、きちんとやらないといけないと思っています。

立岩　確かに、遺伝が規定しているとか、環境が規定しているのかというのは、考えてみるとよくわからない話で、規定しているっていったいなんなのか、どちらか一方が規定しているとか、一方が他方より強く規定しているってどういうことなのか、わかるように言えよと思う。それをきちんと言おうとする仕事は大切だと思うけれども、僕にはそこは難しくてよくわからないので、そこは別の人たちに任せて、自分では遺伝とか環境とか言ってしまう人びとの言説がどういうところに組み込まれて、どういう効果をもたらしてしまったのかということを見ていきたいと思ってきました。

さっき反精神医学の話がすこしだけ出ましたけど、反精神医学というものがなんであったのかという話がどういう話になっているかというと、反精神医学は社会的要因で精神病が起こると言った流れだということになっていて、その説は脳生理学の進展によって駆逐された、だからあれはもう終わった、そういう物語になっている。しかし、当時に書かれたものを読むと、そういうふうに書かれている部分もなくはないけれども、基本的には、その理解、その物語は間違っている。当時の小沢勲さんの『反精神医学への道標』（めるくまーる社、一九七四）なんて本読んでも、病因論なんか出てこない。あの人たちが言いたかったことはそういうことではない。病因論がおもしろいところじゃないのに、そう受け取ることにされてしまって、消滅させられてしまう。すると、一番おもしろかった部分がなくなってしまう。そんなふうに遺伝と環境という話はおもしろいところを消去するようにも使われてしまっている。そういう意味も含めて、そこのところはきちんと調べておかないといけないと思う。

小泉　その類の歴史の捏造が多いですね。ついでに言うと、脳生理学の歴史だって捏造されてるわけで、今後、脳は主戦場になるからやるべきことは多いです。これも形而上と形而下の区別と関連になっちゃいますが、脳のさまざまなモデルや、認知哲学のさまざまなクオリア論にしても、さまざまな脳神経系の病気とすり合わせながら、やるべきことは本当に沢山ある。この間の意識言説に対しても、フッサールのすべてを賭けて対峙すべきなんです。現在では、哲学者や倫理学者は、応用倫理学や臨床諸学の刺身のツマにすらなってないんですから、数人の優れた人だけを残して総撤収して、少し離れた位置から正面突破を目指すべきです。これは立岩さんともよく話すことだけど、いまほど考えられることや考えるべきことが山積みになってる時期はそうないんであって、とくに若い人には、早くそこに気づいてほしいと思います。

立岩　やるべきことは、ほんとに腐るほど、捨てるほどありますよ。なのに、学問するとかしたいとか言っている人に、なんで暇そうにしてる人が多いんでしょうかね。一つは、私がやってる方のことで言えば、基礎的な素養として知ってもらっておいてよいことが伝わっていないということ。今日もいくつかエピソードみたいなものを出しましたけど、そう遠くない過去に、素晴らしい解が示されたというのではないにしても、なかなか考えさせられる主張がなされていたり、おもしろい論点が提出されているのに、知られていない。これは、いくらかでも知っている側が知らない人たちに知らせないのがよくないわけで、それで昨年の「争点としての生命」の特集でも、僕は「現代史へ——勧誘のための試論」というのを書いたんだけれどね。
けれど、小泉さん方面の仕事は、まず小泉さんにがんばってほしいです。余人をもって替え難し、ですからね。まあ僕も僕がやれる仕事はしますけど。

あとがき

立命館大学大学院先端総合学術研究科（以下、立命館先端研）は、二〇〇三年四月に発足したばかりの大学院である。特定の学部の卒業生の進学先として想定される従来型の研究科ではなく、さまざまな学部の卒業生や社会人に門戸を開いている、いわゆる独立研究科である。

立命館先端研には、〈公共〉〈生命〉〈共生〉〈表象〉の四つのテーマ領域が設けられ、研究と教育のスタッフに関しては、学内外の協力も得て、現時点で望みうる最高の環境が実現している。しかも幸いなことに、さまざまな学部、さまざまな職場、さまざまな場所から、志の高い多くの大学院生を迎えることができている。現在、立命館先端研のポテンシャルは極めて高い状態にある。

本書は、立命館先端研の〈生命〉領域の専任教員三人（遠藤・松原・小泉）と大学院生一人（大谷）が中心となって、東京大学教員の市野川容孝氏と〈公共〉領域の専任教員・立岩真也の協力を得て、近年の研究成果の一部を束ねたものである。

ここでは、ともに語り下ろしの新稿である、大谷いづみの「「問い」を育む」と遠藤彰の「現代の「環境問題」と生態学」に関連して二点ほど記しておきたい。

近年、大学院は多くの社会人入学者を受け入れてきた。そのなかで、従来の大学院における研究水準と研究遂行をめぐる暗黙の了解や慣行が、社会人入学者の生活・態度・志向と、必ずしも表立ってはいないものの、内実としては深刻なコンフリクトを起こしている。これは、学位論文や単位履修をめぐる制度的調整だけで片が付けられるべきものではなく、学問内容と社会人なる規定を問い返すことによって社会人入学者とともにその解決が図られるべきものである。この点で、大谷の立ち位置は多くのことを示唆している。大谷は、現場の社会人として、何を元手に、何を背負って、何を求めて、学問研究に切り込むことになるのかを明快に宣言しているからである。

近年、「環境」「進化」「遺伝子」「生態系」といった用語は、急速に広まり、自然科学の用語が人文学・社会科学の用語に転用されたというにとどまらず、行政・政治・経済においてモノと資金を動かす力を備えた用語として使用されてきた。この状況においては、「環境」「進化」「遺伝子」「生態系」を単一の学問の内部で語るのは不十分・不適切であるし、状況に相応しい研究領域と研究方法を切り開く必要がある。ここまでは、ある程度考えれば気付くことである。しかし、もっと考えてみるなら、この状況の進行そのものが、「環境」「進化」「遺伝子」「生態系」をめぐる学問研究の変化とシンクロしてきたのが見えてくるし、さらには、現実に起こっている摩擦や葛藤が、学問研究の隘路や限界とシンクロしているのが見えてくる。そして、もっともっと考えてみるなら、このシンクロの先端において、学問研究の新展開を目指すことが、現実の状況の新展開に結び付くという展望が垣間見えてくる。そこにこそ大学院の存在意義が賭けられるべきであろう。この点で、遠藤の立ち位置は、多くのことを示唆するはずである。

以上の点も含め、本書が、生命の領域の見取り図として、また、生命をめぐる争点の地勢図として使用されることを期待している。

私たちは、本書に引き続き、〈生命〉領域のスタッフ・大学院生とだけではなく、〈公共〉〈共生〉〈表象〉領域のスタッフ・大学院生とも協働して、新たな研究成果を継続的に公刊していく予定である。私たちは、それを一つの通路として、立命館先端研のポテンシャルを現実のエネルギーに転化していきたいと考えている。

なお、本書所収の論文の発表と、本書そのものの刊行に関して、左記に列挙する立命館大学の各種の研究助成を受けることができた。これらの研究助成は、立命館先端研を支援するものであり、とりわけ新たなプロジェクトの開始を必要とした〈生命〉領域を支援するものである。そのおかげで、私たちは、協働作業を開始することができたし、現在もそれを継続することができている。この点で、立命館先端研の理念に理解を示され、精神的・財政的支援を継続してきた立命館大学の関係機関と関係各位に深い感謝の意を表したい。今後とも、ありうべき継続的支援に応えるべく、私たちも研鑽を積んでいくつもりである。

衣笠総合研究機構プロジェクト研究「争点としての生命」（二〇〇一―二〇〇三年度）

衣笠総合研究機構・先端総合学術研究科連携プロジェクト研究「争点としての生命」（二〇〇四

年度）
ＣＯＥ推進機構新領域創造研究センター新拠点開発プログラム「争点としての正義」（二〇〇五年度）

小泉義之

著者略歴（★は編者）

市野川容孝（いちのかわ　やすたか）
一九六四年生れ。東京大学大学院社会学研究科博士課程単位取得満期退学。現在、東京大学大学院総合文化研究科助教授。
著書に、『優生学と人間社会』（共著、講談社現代新書、二〇〇〇）、『思考のフロンティア　身体／生命』（岩波書店、二〇〇〇）、『生命科学の近現代史』（共編、勁草書房、二〇〇二）、『生命倫理とは何か』（編著、平凡社、二〇〇二）、『〈身体〉は何を語るのか』（共編、サイエンス社、二〇〇三）など。

遠藤彰（えんどう　あきら）
一九四七年生れ。京都大学大学院理学研究科博士課程修了。現在、立命館大学大学院先端総合学術研究科教授。
著書に、『京都深泥池――氷期からの自然』（共編、京都新聞社、一九九四）、『見えない自然――生態学のポリフォニー』新装版（昭和堂、一九九八）など。訳書に、R・ドーキンス『延長された表現型』（共訳、紀伊国屋書店、一九八七)。

大谷いづみ(おおたに　いづみ)

一九五九年生れ。上智大学文学部哲学科卒業後、二一年間、東京都内にて高校教諭として勤務。現在、立命館大学大学院先端総合学術研究科博士課程在籍。千葉科学大学非常勤講師。

論文に、「生命「倫理」教育と／の公共性」(『社会科教育研究』二〇〇四)、「生と死の教育」(『現代思想』二〇〇四年四月)、「「尊厳死」言説の誕生」(『現代思想』二〇〇四年一一月)、「太田典礼小論——安楽死思想の彼岸と此岸」(『死生学研究』二〇〇五年春号)など。

★小泉義之(こいずみ　よしゆき)

一九五四年生れ。東京大学大学院人文科学研究科博士課程修了。現在、立命館大学大学院先端総合学術研究科教授。

著書に、『兵士デカルト』(勁草書房、一九九五)、『デカルト＝哲学のすすめ』(講談社現代新書、一九九六)『弔いの哲学』(河出書房新社、一九九七)、『なぜ人を殺してはいけないのか?』(共著、河出書房新社、一九九八)、『ドゥルーズの哲学』(講談社現代新書、二〇〇〇)、『レヴィナス——何のために生きるのか』(NHK出版、二〇〇三)、『生殖の哲学』(河出書房新社、二〇〇三)など。

立岩真也（たていわ　しんや）
一九六〇年生れ。東京大学大学院社会学研究科博士課程修了。現在、立命館大学大学院先端総合学術研究科教授。
著書に、『私的所有論』（勁草書房、一九九七）、『弱くある自由へ』（青土社、二〇〇〇）、『自由の平等――簡単で別な姿の世界』（岩波書店、二〇〇四）、『ALS――不動の身体と息する機械』（医学書院、二〇〇四）など。

★松原洋子（まつばら　ようこ）
一九五八年生れ。お茶の水女子大学大学院人間文化研究科博士課程修了。現在、立命館大学大学院先端総合学術研究科教授。

著書に、『優生学と人間社会』（共著、講談社現代新書、二〇〇〇）、『性と生殖の人権問題資料集成　解説』（共著、不二出版、二〇〇〇）、「優生学の歴史」（廣野喜幸、市野川容孝、林真理編『生命科学の近現代史』勁草書房、二〇〇二）など。

初出一覧

I

生物医学と社会（『科学技術社会論研究』一号、二〇〇二年に一部加筆・修正）

「新遺伝学」と市民（『現代思想』二〇〇三年一一月、原題「「新遺伝学」における公と私」に一部加筆・修正）

II

病と健康のテクノロジー（『現代思想』二〇〇〇年九月）

「いのちの教育」に隠されてしまうこと（『現代思想』二〇〇三年一一月に一部加筆・修正）

「問い」を育む（語り下ろし）

III

「生態遷移」というグランド・デザインの発想（『季刊 d/SIGN』八号、二〇〇四年）

現代の「環境問題」と生態学（語り下ろし）

IV

ゾーエー、ビオス、匿名性（『談』七一号、二〇〇四年）

生存の争い（『現代思想』二〇〇四年一一月）

ISBN4-409-04072-3 C3010

生命《せいめい》の臨界《りんかい》
―争点としての生命―

二〇〇五年二月二〇日　初版第一刷印刷
二〇〇五年二月二五日　初版第一刷発行

編　者　松原洋子
　　　　小泉義之
発行者　渡辺睦久
発行所　人文書院
〒六一二-八四四七
京都市伏見区竹田西内畑町九
電話〇七五・六〇三・一三四四
振替〇一〇〇〇-八-一一〇三

印刷　創栄図書印刷株式会社
製本　坂井製本所
装幀　間村俊一

落丁・乱丁本は送料小社負担にてお取替いたします

http://www.jimbunshoin.co.jp/